로메이징

유아 패턴 영어 121

ENGLISH

0~7세 아이의 입을 여는 엄마표 영어 발화 놀이법

로메이징 유아 패턴 영어 121

유진아(로메이징) 지음

래디시

"영어는 가르치는 것이 아니라 함께 소통하는 것"

첫째 아이가 태어나고 자연스럽게 아이와 영어로 말 걸기를 시작했어요. 어릴 때부터 파닉스를 배우고 단어를 외우는 방식이 아닌, 영어를 '언어' 그 자체로 접하게 하고 싶었거든요. 처음에는 '엄마표 영어'라는 개념조차 몰랐답니다. 기관에서 아이들을 가르쳐 온 경험을 바탕으로, 집에서 우리 아이의 발달 단계에 맞춰 조금씩 커리큘럼을 수정하며 영어로 말하기를 시작했을 뿐이었는데 돌아보니 그게 바로 '엄마표 영어'의 시작이었어요.

그렇게 아이와 하던 영어 놀이와 대화들을 SNS에 공유하기 시작했습니다. 그런데 예상보다 많은 분들이 큰 도움을 받았다는 피드백을 보내며 로메이징 영어 놀이를 함께하는 부모님들이 점점 늘어나기 시작했어요. 단순한 공유에서 시작한 저만의 엄마표 영어는 점점 더 구조화된 커리큘럼으로 발전하기 시작했고, 어느 새 매달 400명에 달하는 가정이 함께할 정도로 커졌답니다. 그러면서 자연스럽게 '더 많은 부모들이 쉽게 실천할 수 있도록 돕고 싶다'는 목표가 생겼어요. 전문성을 가지기 위해 서울대학교에서 진행하는 과정에 참여하여 연구 경험을 쌓고 엄마표 영어가 단순한 경험에서 끝나는 것이 아니라 아이의 언어 발달과 두뇌 발달을 고려한 과학적인 접근이 이루어져야 한다는 확신을 갖게 되었어요. 이제는 기술로 더 많은 부모님들이 아이와 영어로 소통하는 경험을 누릴 수 있도록 돕고자 앱을 개발하는 스타트업 대표가 되었습니다. 보다 전문적으로 유아와 부모를 위한 영어 교육 콘텐츠를 개발하며 이 책을 집필했어요.

『로메이징 유아 패턴 영어 121』은 흔히 볼 수 있는 엄마표 영어책들처럼 일상의 작은 상황들을 가정한 스크립트만 담지 않았어요. 아이의 연령별 발달에 따른 놀이를 기반으로 큰 틀을 구성했죠. 놀이의 형태가 때로는 가벼운 장난처럼 보일지라도 아이들에게는 자연스럽고 즐거운 상황일 때 가장 효과적인 영어 습득이 가능하기 때문이에요. 부모와 교감하며 재미있는 놀이를 통해 영어를 듣고 따라 하면 아이가 실수에 대한 부담을 가지지 않기 때문에 자연스러운 발화로 이어질 가능성이 높아요.

그래서 책에서는 연령을 거듭할수록 실제 발화까지 이어질 수 있게 유도하는 고정적인 패턴을 활용한 스크립트로 구성했어요. 아주 간단한 놀이를 통해 핵심 패턴을 반복해서 듣고 말하며 영어를 즐거운 소통의 도구로 활용할 수 있을 거예요. 특히 패턴 문장과 놀이는 아이의 언어적 성장과 실제 말문이 트이는 원리를 고려했습니다. 모든 스크립트를 다른 책과 달리 음원이 아닌 영상으로 제작한 것도 부모가 먼저 상황 속에서 맥락을 이해하고 놀이를 쉽게 접근하여 제공할 수 있도록 하기 위함입니다.

엄마로서, 연구자로서, 그리고 교육자로서 부모가 아이와 영어로 소통하는 데 있어 부담 대신 즐거움을 먼저 느끼게 되기를 바랍니다. 완벽한 영어가 아니라도 괜찮아요. 중요한 건, 영어가 '배우는 공부'가 아닌 '함께 나누는 말'이 되는 거예요. 이 책이 그런 순간들을 만들어 가는 데 도움이 되기를 진심으로 바랍니다.

Special thanks to 사랑하는 가족 그리고 로메이징 팀

유진아

차례

PART 1
발화 놀이 영어를 시작하기 전에 꼭 알아둘 것

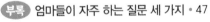

PART 2
발화로 이어지는 우리 집 영어 루틴

PART 3
로메이징 유아 영어 패턴 놀이집 100

CHAPTER 2. 생후 0~12개월

CHAPTER 3. 생후 12~24개월

CHAPTER 4. 생후 24~36개월

CHAPTER 5. 생후 36~48개월

CHAPTER 6. 생후 48개월 이상

PLAY

발화 놀이 영어를 시작하기 전에 꼭 알아둘 것

CHAPTER 1.

우리 아이 영어를 탄탄하게 해줄 외국어 습득 지식

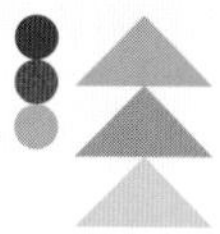

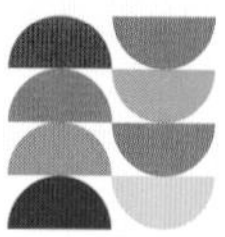

0~7세 영어, 목적은 소통입니다

우선 질문 하나 해볼게요. "나에게 영어란 무엇인가요?" 지금까지 영어를 어떻게 경험했는지에 따라 다양한 대답이 나올 수 있겠죠. 시험과 수능을 위해 달달 외웠던 영어, 생각만 해도 말문이 턱 막히는 영어, 나에게 창피함을 주었던 영어 같은 부정적인 대답도 나오겠지만 여행에서 소통하는 재미있는 영어, 더 많은 정보를 알게 해준 영어 같은 긍정적인 대답도 있을 거예요.

그럼 0~7세의 아이에게 영어란 무엇이어야 할까요? 영어를 처음 접하는 이 시기 아이들에게 영어는 소통의 수단이어야 합니다. 어쩌면 다소 진부할 수도 있는 이야기를 하는 이유는 많은 부모님이 이 사실을 알고 있음에도 우리나라 영유아 영어교육은 그 방향으로 흘러가지 않는 경우가 많기 때문입니다.

"일단 알파벳과 파닉스 먼저 떼고 듣기와 말하기는 나중에!" "알파벳 외워야 하니까 따라 쓰기부터." "점수가 중요해. 렉사일 지수만 높이면 되지."

영어교육은 크게 네 가지로 나뉩니다. 듣기와 말하기, 읽기, 쓰기입니다. 듣기와 말하기는 음성 언어, 읽기와 쓰기는 문자 언어입니다. 이 중 듣기와 읽기는 아이에게 입력해주는 인풋의 영역이고 말하기와 쓰기는 그에 따른 아이의 표현이니 아웃풋이라고 생각하면 됩니다. 모든 언어는 듣기부터 시작해 말하기, 읽기, 쓰기의 순서로 발달하는 것이 자연스럽고 수많은 연구에 따르면 듣기는 말하기와 읽기, 쓰기에 모두 큰 영향을 미쳐요.[1, 2, 3, 4]

"저는 어렸을 때 알파벳이랑 파닉스부터 배웠는데요?"

네, 지난 수십 년간 우리나라 영어교육은 읽기와 쓰기가 중심이 되어 점수를 매기는 과목으로 자리 잡았습니다. 그래서 많은 사람이 영어 울렁증을 경험하며 토익 점수는 높지만 외국인과의 대화는 어려워합니다. 만약 영어교육을 듣기와 말하기 같은 소통 중심으로 시작했다면 결과는 달라졌겠죠.

"그런데요, 듣기와 말하기, 읽기, 쓰기가 연관성이 있는 건 모국어에만 해당되는 얘기 아닌가요?"

아닙니다. 모국어가 아닌 이중언어나 외국어 교육에도 당연히 듣기와 말하기, 읽기, 쓰기는 연관성이 있습니다.[3, 4] 외국어 또한 언어이기 때문에 언어의 네 가지 영역(듣기, 말하기, 읽기, 쓰기) 모두 서로 연관성이 있을 수밖에 없어요.

만약 우리가 받았던 영어교육이 파닉스, 문법, 단어 암기 같은 읽기 교육부터 시작하는 것이 아니라 소통과 놀이에 집중한 영어교육이었다면 어땠을까요? 영어에 주눅들거나 외국인을 봤을 때 두려워하기보다는 한국어와 같은 '언어'로 인식하며 원할 때마다 꺼내 쓸 수 있는 하나의 도구로 활용하고 있을 거예요.

그래도 긍정적인 것은 우리나라의 교육에 대한 열정입니다. 전 세계적으로 한국만큼 영어교육에 온 힘을 쏟는 곳은 없습니다. 단지 방향과 순서가 잘못된 것이 문제일 뿐이죠. 방향만 제대로 설정하고 거기에 우리의 열정이 더해진다면, 아니 우리나라의 다양한 인프라와 기술이 더해진다면 우리나라 영어교육은 상상하지 못할 정도로 발전할 거라 봅니다.

1. Yalçinkaya, F., Muluk, N. B., & Şahin, S. (2009). Effects of listening ability on speaking, writing and reading skills of children who were suspected of auditory processing difficulty. International Journal of Pediatric Otorhinolaryngology, 73(8), 1137-1142. https://doi.org/10.1016/j.ijporl.2009.04.022
2. Wolf, M. C., Muijselaar, M. M. L., Boonstra, A. M., & de Jong, P. F. (2019). The relationship between reading and listening comprehension: Shared and modality-specific components. Reading and Writing, 32, 1747-1767. https://doi.org/10.1007/s11145-018-9924-8
3. Yan, Z. (2009). An experimental study of the effects of listening on speaking for college students. English Language Teaching, 2(3), 194-201. https://doi.org/10.5539/elt.v2n3p194
4. Kuhl, P. K., Stevenson, J., Corrigan, N. M., van den Bosch, J. J. F., Can, D. D., & Richards, T. (2016). Neuroimaging of the bilingual brain: Structural brain correlates of listening and speaking in a second language. Brain and Language, 162, 1-9. https://doi.org/10.1016/j.bandl.2016.07.004

영유아 영어 노출, 괜찮을까요?

언제부터 두 가지 언어를 배울 수 있나요?

결론부터 말하면 아기들은 태어나면서부터 두 가지 언어를 배울 수 있어요. 언어 습득은 소리부터 시작되기 때문에 많이 듣는 언어를 선호하는 데서부터 시작해 그 언어의 전문가가 되는 과정을 거칩니다. 태어난 지 0~5일 된 아기들을 대상으로 소리 선호도를 연구한 결과, 임신 중 엄마가 영어로만 얘기한 아기들은 영어 소리만 선호했지만, 엄마가 영어와 타갈로그어를 사용한 아기들은 두 소리를 모두 선호했습니다.[1] 또한 영어만 들어온 9개월 미국 아기들에게 25분씩 열두 번 중국어를 대면으로 들려준 결과, 중국 원어민 아기만큼이나 중국어 소리를 잘 분별할 수 있었습니다.[2] 제대로 된 노출의 환경만 제공된다면 아기들은 태어나면서부터 두 언어를 배울 수 있다는 말이죠.

이른 영어 노출은 문제가 있을까?

전 세계적으로 이중언어, 다중언어를 경험하는 나라는 아주 많아요. 〈신경언어학 저널(Journal of Neurolinguistics)〉에 따르면 전 세계의 43%가 이중언어자이고 17%가 세 개 이상의 언어를 한다고 합니다. 오히려 우리나라가 단일민족이자 단일언어인 특별한 케이스죠. 그래서인지 유독 어렸을 때 다른 언어에 노출하는 것에 거북함이 있는 듯해요. 이미 학계에서는 이중언어 노출은 발달에 문제가 없고 서로의 언어에 악영향을 주지 않는다는 것이 밝혀지고 있음에도 불구하고요.[3, 4, 6]

최근 몇 년 동안 이중언어의 장점이 부각되며 미국이나 캐나다 등 서부 국가에서도 '타깃 언어에 유창하지 않은 부모가 아이를 이중언어자로 키우는 방법' 같은 글이 쏟아져 나오고 있고 그에 대한 관심도 높습니다. 한마디로 우리나라 엄마표 영어 같은 언어 교육이 외국에서도 보이는 것이죠.

캐나다에서 이중언어를 활발히 연구 중인 크리스타 바이어스하인라인(Krista Byers-Heinlein) 박사는 한 논문에서 우리나라 엄마들이 궁금해할 질문과 대답을 다루고 있습니다.[5] 중요한 부분을 요약하면, "두 가지 언어 노출 시 아이들이 헷갈려 하나요?"에 답은 '유아도 영아도 두 가지 언어를 명확하게 구별할 수 있다'는 것입니다. 그리고 "두 가지 언어에 노출된 아이들은 언어 지연이나 장애를 겪는 경우가 많은가요?"에 대한 답은 '단일언어자나 이중언어자 모두 언어 지연이나 장애를 겪는 비중이 비슷하기 때문에 두 가지 언어 노출이 언어 지연이나 장애를 유발하지 않는다'는 것입니다. 특정한 언어 장애를 가졌거나 다운증후군, 자폐 스펙트럼 장애를 가진 이중언어 아이들이 동일한 장애를 가진 단일언어 아이들보다 추가적인 지연이나 어려움을 겪지 않습니다.

이 논문을 읽고 질문이 생겨 바이어스하인라인 박사에게 메일을 보냈습니다.

"한국에서 생활하는 아이들은 영어 노출 비중이 상대적으로 낮은데 박사님의 이중언어 관련 논문(예: 아이들은 두 언어를 헷갈려 하지 않고 두 언어 노출이 언어 지연이나 장애를 유발하지 않는다)이 한국 아이들에게도 적용이 될까요?"

일반적으로 국외 이중언어 논문에 나오는 피험자들은 우리나라 아이들보다 제2언어 노출 비중이 높기 때문에 혹여 영어 노출 비중이 낮은 우리 아이들은 이 논문 내용이 적용되지 않을까 봐 우려가 되어 이런 질문을 했습니다. 박사의 대답은 "Yes!"였습니다.

10~25%의 영어 노출만 있는 아이들일지라도 두 언어를 헷갈려 하거나 이중언어 노출이 언어 지연이나 장애를 유발하지 않을 것이라고 말했습니다. 그렇다면 왜 우리는 이른 시기의 영어 노출이 아이의 언어 발달이나 모국어에 부정적 영향을 줄 것이라 생각할까요?

확실히 짚고 넘어가야 할 것은, 언어 장애나 지연은 하나의 특정한 언어에 대한 문제가 아닌 전반적인 구조와 발달에 문제가 있는 것입니다. 예를 들어 언어를 말하기 위한 입 주변 근육이 아직 발달하지 못했다거나 소리를 내는 데 어려움이 있다거나 청각이나 지적 능력에 문제가 있는 것입니다. 일반적으로 언어 장애나 지연이 있는 경우 한 언어만이 아닌 두 언어, 세 언어 모두에서 비슷한 문제를 보이는 경우가 많습니다.[6]

다시 말하면 하나의 언어가 장애나 지연의 원인이 되는 것이 아니라 인지적 구조와 신체적 구조, 기능 문제로 인해 두 언어가 함께 영향을 받는 게 일반적이라는 것입니다. 다시 질문으로 돌아가서 '이른 영어 노출이 언어 발달이나 모국어에 부정적 영향을 미칠 거야'라고 생각하는 이유는 보통 다음과 같습니다.

한국어 노출 양 부족: 영어를 노출해주는 시간에 한국어를 그만큼 노출해주지 못했다는 이유로 언어 지연이나 언어 장애를 걱정하는 걸 봤어요. 하지만 이런 현상이 나타나는 건 오히려 보기 힘든 경우입니다. 대중 언어가 한국어인 데다가 단일언어로 한국어만을 사용하는 우리나라에서 한국어 노출을 막고 영어 노출로만 채운다는 건 불가능한 일입니다. 한국어가 편한 부모와 생활하고, 집 밖 몇 발자국만 나가도, TV만 틀어도 온통 한국어로 가득 찬 나라에서 살고 있기 때문에 한국어 노출이 부족한 것이 오히려 더 힘든 일입니다. 부모가 한국어를 전혀 사용하지 않고 아이가 집에서만 생활하며 모든 미디어는 차단된 폐쇄적인 생활을 한다면 당연히 문제가 생기겠죠. 다시 한번 기억해야 할 것은 '영어에 노출한다'는 것은 '한국어를 차단하겠다'라는 뜻이 아니라 한국어가 잘 발달하도록 풍부한 한국어 노출 환경을 만들어주면서 영어는 영어대로 노출 환경을 조성한다는 것입니다.

코드 스위칭: 코드 스위칭이란 한 문장에 두 가지 이상의 언어를 섞어 사용하는 것을 말해요. "I want to eat 딸기", "엄마 나 milk 주세요" 같은 문장이죠. 더 깊이 들어가면 다양한 종류의 코드 스위칭이 있지만 그게 포인트가 아니니 따로 다루지 않겠습니다. 이 코드 스위칭을 아이들이 언어를 혼동해서 보이는 현상이라고 착각하는 경우가 있지만 사실은 그렇지 않습니다. 코드 스위칭은 아이들뿐 아니라 이중언어, 다국어를 하는 어른에게서도 많이 볼 수 있습니다. 실제로 미국에 있는 교포들은 코드 스위칭을 자연스럽게 사용합니다. 그 개념은 알고 있지만 두 가지 중 한 언어로는 모르는 단어거나 단어가 빨리 생각나지 않을 때, 다른 언어에서 해당 개념의 단어를 빌려오는 것뿐입니다.[7] 물론 상대방이 그 언어를 이해한다는 전제하예요. 저 또한 영어와 한국어 모두 할 줄 아는 사람 앞에서 코드 스위칭을 많이 하지만 개념이 헷갈려서 그런 것이 아니라 먼저 생각나는 단어를 내뱉는 것이죠.

연구에 따르면 코드 스위칭을 할 때 화자는 각 언어의 문법을 지키며 말한다고 하고 또 갓 태어난 아기들은 각 언어의 소리를 잘 구별할 수 있다고 합니다. 이 결과는 코드 스위칭이 언어 혼란이나 지연, 장애와 관련된 현상이 아니라는 것을 보여줍니다. 오히려 아이의 인지 능력과 소통 능력의 능숙함을 보여주는 척도입니다.[8]

잘못된 어휘력 판단 기준: 이전에는 판단 기준이 없어서 이중언어자도 단일언어자의 어휘력 테스트로 판단을 했습니다. 이중언어자들은 대부분 한 가지 언어가 메인이고 다른 언어가 서브가 되는데 어떤 언어를 가지고 테스트를 보느냐에 따라 점수는 차이가 날 수밖에 없죠. 몇십 년 전부터 이런 문제점을 직시하고 학계에서는 이중언어자를 위한 어휘력 판단 기준을 만들기 시작했고 이제는 이중언어자의 두 가지 언어를 함께 테스트하는 방법을 사용하는 추세입니다.

이중언어 아이의 어휘 판단법

A. Word Vocabulary:
이 방법은 이중언어자가 알고 있는 모든 단어를 합산하는 방식입니다. '사과'와 'apple'이 같은 뜻임에도 불구하고 '사과'에 1점, 'apple'에 1점을 줘서 총 2점의 점수를 받게 되는 것이죠.

B. Concept Vocabulary:
이 방법은 개념 중심적으로 계산하는 것입니다. '사과'와 'apple' 두 가지 언어를 알지만 같은 개념이기에 1점만 주는 것이죠.

C. Bilingual Adjusted Vocabulary:
이 방법은 Word Vocabulary와 Concept Vocabulary 두 개의 합의점을 찾아주는 새로운 방법으로 아이의 월령에 따라 각 단어에 점수를 다르게 주는 것입니다.
이 방법은 번역 등가 구문(Translation Equivalent)을 바탕으로 만들어졌습니다. 쉽게 말해 한 물체에 대해 두 가지 단어를 알고 있으면 1개의 번역 등가 구문을 알고 있는 것이죠('Apple'과 '사과'는 1개의 번역 등가 구문). 이 연구에 따르면 아이의 월령이 낮을수록 번역 등가 구문을 배우는 것이 더 어렵기 때문에 낮은 월령에는 각 단어에 1점씩 주는 Total Vocabulary 방법을, 상대적으로 번역 등가 구문을 쉽게 배우는 높은 월령은 같은 개념의 두 단어에 1점만 주는 Concept Vocabulary 방법을 적용합니다. 18개월의 아기는 'apple'과 '사과'에 각각 점수를 줘서 2점을 받지만 29개월은 1.5점, 33개월은 1점만 받는 것이죠. 아이의 발달을 고려해 기존의 두 가지 어휘 테스트를 잘 융합한 방법이지만 좀 더 연구가 필요합니다.

결론적으로 이중언어를 고려한 판단 기준으로 테스트를 했을 때 이중언어 아동의 어휘력이 단일언어 아동의 어휘력보다 떨어지지 않았습니다. 물론 한 언어만을 기준으로 본다면 이중언어자의 어휘력이 부족해 보일 수 있습니다. 그러나 단일언어 관점으로 이중언어 아동의 어휘력을 평가하는 것은 그들의 능력을 제한적으로 보는 잘못된 접근 방식입니다. 실제로 한 언어에서 이중언어 아동의 어휘력이 상대적으로 낮다고 하더라도, 노인의 어휘력이 청장년의 어휘력보다 높다고 연구로 증명된 것처럼 인간은 죽을 때까지 단어를 배우기 때문에 꾸준하게 그 언어에 노출된다면 그 차이는 충분히 좁힐 수 있습니다.

언어 거부를 언어 지연이나 장애로 오해하는 경우: 누구나 외국어를 배울 때는 즐거움과 동기부여가 아주 중요하죠. 동기부여가 클수록, 그 외국어를 즐거운 방법으로 습득할수록 성과는 더 클 수밖에 없어요. 이것은 어린아이 또한 마찬가지입니다. 아이가 좋아하지 않는 방법으로 영어에 접근하거나 영어를 왜 배워야 하는지 이유를 찾지 못할 때 아이에게 언어에 대한 거부 반응이 나타나기 쉽습니다.

예를 들어, 아기 때부터 엄마와 영어 노래나 책으로 소통하며 영어 소리를 들었던 아이들보다 모국어가 어느 정도 자리 잡힌 24개월 무렵에 영어 노출을 시작한 아이들이 영어를 거부하는 경우가 더 많습니다. 2년간 한국어만 들어왔고 이 언어로 잘 소통하고 있는데 갑자기 이상한 외계어를 왜 해야 하는지 모르는 것이죠. 또는 갑자기 다른 언어를 사용하는 나라로 이민을 가는 등 환경 변화가 있을 때도 언어 거부를 보이기도 해요.

갑자기 다른 언어를 가르칠 때는 아이들의 기질이나 성향, 나이, 환경에 따라 반응이 크게 두 가지로 나뉩니다. 완강하게 싫다고 표현하기도 하고 아예 말을 안 하는 아이들도 있습니다. 이렇게 말을 하지 않으면 언어 지연이나 장애로 오해하기도 하지만 앞에서 말했듯 언어 지연과 장애는 아이가 할 수 있는 모든 언어에서 나타나고 언어 거부는 특정적인 한 언어에서만 나타나니 이를 토대로 판단하면 됩니다.

침묵 기간: 언어학자 스티븐 크라센(Stephen Krashen)은 외국어 습득 과정에 있는 대부분의 사람들에게서 침묵 기간(silent period)이 나타난다고 말합니다.[10] 어느 정도 알아듣지만 아직 이 언어로 표현하는 것이 불편하고 익숙하지 않아서 말하고 싶지 않거나 말할 수 없는 상태입니다. 그렇다고 해서 이 시기에 뇌가 멈춰 있는 것은 절대 아닙니다. 오히려 끊임없이 주변 환경을 통해 그 언어를 듣고 단어를 수집하며 예민하게 배우는 황금 같은 시기죠.

침묵 기간에 있는 아이들은 어느 정도 그 언어를 이해하며 질문에 짧게 대답하거나 제스처처럼 비언어적인 표현으로 반응합니다. 침묵 기간도 마찬가지로 특정적인 한 언어에서만 나타나고요. 언어 지연이나 장애와는 아주 다르죠.

지금까지 일반적으로 퍼져 있는 이중언어에 대한 오해 다섯 가지를 알아보았습니다. 앞서 말했듯 아기들은 태어났을 때부터 두 가지 언어를 문제없이 배울 수 있고, 이는 영유아기에도 마찬가지입니다. 한 연구에서 7~33개월 스페인 아기들에게 18주간 매일 1시간씩 그룹으로 영어 놀이 시간을 준 결과 영어 실력이 빠르게 성장하는 것을 확인할 수 있었을 뿐 아니라 외국어 노출이 모국어에 나쁜 영향을 끼치지 않았고, 오히려 모국어 실력이 성장한 것을 확인할 수 있었거든요. 연구가 말해주듯 올바른 방법으로 하는 두 가지 언어 노출은 문제가 되지 않습니다.[11]

1. Byers-Heinlein, K., Burns, T. C., & Werker, J. F. (2010). The roots of bilingualism in newborns. Psychological Science, 21(3), 343-348.
2. Kuhl, P. K., Tsao, F. M., & Liu, H. M. (2003). Foreign-language experience in infancy: Effects of short-term exposure and social interaction on phonetic learning. Proceedings of the National Academy of Sciences

of the United States of America, 100(15), 9096-9101.

3. Byers-Heinlein, K., & Lew-Williams, C. (2013). Bilingualism in the early years: What the science says. LEARNing Landscapes, 7(1), 95-112.
4. Barac, R., & Bialystok, E. (2011). Cognitive development of bilingual children. Language Teaching, 44(1), 36-54.
5. Byers-Heinlein, K., & Lew-Williams, C. (2013). Bilingualism in the early years: What the science says. LEARNing Landscapes, 7(1), 95-112.
6. 알베르트 코스타. (2020). 《언어의 뇌과학》. 현대지성.
7. Lanza, E. (1997). Language Mixing in Infant Bilingualism: A Sociolinguistic Perspective. Oxford: Clarendon Press.
8. Genesee, F., Paradis, J., & Crago, M. B. (2004). Dual Language Development and Disorders: A Handbook on Bilingualism and Second Language Learning. Baltimore, M D: Paul H. Brookes Publishing.
8. Bialystok, E., & Luk, G. (2012). Receptive vocabulary differences in monolingual and bilingual adults. Bilingualism: Languagc and Cognition, 15(3), 397–401.
10. Krashen, S. (1982). Principles and Practice in Second Language Acquisition. Pergamon Press.
11. Ferjan Ramirez, N., & Kuhl, P. K. (2017). Bilingual baby: Foreign language intervention in Madrid's infant education centers. Mind, Brain, and Education, 11(3), 133-143.

효과적인 영어 노출의 원리는?

그렇다면 0~7세 시기에는 영어를 어떻게 노출하는 것이 올바른 방법일까요? 결론부터 말하면, 이 시기는 아기들이 모국어를 배우듯 상호작용의 환경에서 소통하며 영어에 노출해야 하는 시기입니다. 우리나라 영유아 영어교육의 가장 큰 문제는 처음부터 영어를 인지학습으로 접근하는 것입니다. 소통이 우선시되기보다는 알파벳 같은 문자 익히기, 문자 소리 배우기(파닉스), 외우기, 시험 등이 먼저니 조기 인지학습에 따른 부작용이 나타날 수밖에 없어요. 아이들이 한국어를 배울 때 '가나다'를 먼저 외우기보다 듣기, 말하기 기반의 소통이 먼저 이루어지는 것처럼 영어도 학습이 아닌 소통의 도구로 인식하는 것이 중요합니다.

앞에서 언급했던 7~33개월 스페인 아이들 연구를 보면 아이들이 직접 개입하는 소통이 얼마나 중요한지 알 수 있어요. 실험군 아이들은 놀이 활동을 많이 하고 반응을 유도하는 형식으로 영어를 접했습니다. 아이의 반응에 선생님이 즉각적으로 반응해주는 소통 중심적인 형식이었던 반면, 대조군에서는 선생님이 앞에서 책을 읽어주고 노래를 불러주며 단어를 소개하고 가르치는 형식이었죠.

그 결과 가르치는 형식보다는 소통 형식으로 배운 아이들이 어휘력과 발화 측면에서 압도적으로 높은 결과를 보였어요. 이렇듯 영어는 학습이 아닌 다른 사람과 교감하는 소통 도구로 바라봐야 하죠. 인지학습 자체가 나쁜 것은 아니지만 발달 시기에 맞지 않거나 순서에 맞지 않는 학습은 오히려 독이 될 수도 있으니까요.

또한 인지 발달이 활발하게 이루어지는 특별한 시기라 새로운 언어를 받아들이는 방식이 성인과 다를 수밖에 없어요. 성인의 경우 이미 모국어와 외국어 실력에 차이가 나고 한 언어를 마스터한 경험이 있기 때문에 모국어를 바탕으로 제2언어를 배우는 것이 더 효율적이죠. 또 인지능력이 발달해 아이들보다 배우고 이해하는 것이 더 빨라요. 물론 어릴 때부터 영어를 배운 사람이 원어민과 더 비슷한 영어를 구사할 수 있기는 하지만요. 하지만 이 시기 아이들은 아직 모국어로도 이해하지 못하는 개념이 많으며 배경지식이 적고 인지능력이 어른과 같지 않기 때문에 모국어-외국어 번역이나 단순 외우기는 그리 도움이 되지 않습니다. 이 시기 아이들의 영어는 공놀이와 같아야 합니다. 우리가 아이와 공놀이할 때 필요한 것을 한번 생각해볼게요. 우선 공을 보여주고 주고받으며, 편안한 환경에서 반복하고 확장하는 것이 필요하죠.

공놀이 보여주기: 아이와 공놀이를 하기 위해서는 먼저 공을 보여줘야 합니다. 이제 막 앉기 시작한 아기에게 공을 굴려주면 공을 어떻게 해야 할지 전혀 알지 못하고 신기한 물건이라 생각하며 잡고 빨며 탐색할 뿐입니다. 그러다가 엄마가 공을 굴리는 모습을 여러 번 보여주면 '아, 공은 굴리는 거구나!' 하고 엄마를 따라 공을 굴려보게 되죠.

이때 공을 어떻게 사용하는지 모른다고 아기에게 공에 대해(about) 설명해주는 부모가 있을까요? "공은 원형이고 고무로 만들어져 있고 중국에서 왔대." 이렇게 말하는 부모는 없습니다. 그냥 어떻게 사용하는지 '재미있게' 보여줄 뿐이죠.

영어도 마찬가지입니다. 아이를 앉혀놓고 영어의 규칙이 무엇인지, 어디서 쓰는 언어인지, 알파벳은 몇 개인지, 한국어와 어떻게 다른지 등 영어에 대해 구구절절 설명해주는 것이 아니라, 영어 노래, 영어 그림책 등 아이에게 흥미를 주고 동기부여가 될 만한 것을 통해 영어를 접하게 하면 됩니다.

언어학자 스티븐 크라센은 이 과정을 '습득'이라고 표현합니다. '학습'은 문법처럼 언어에 대해 배우는 데 반해 '습득'은 의사소통 상황에서 그 언어를 무의식적으로 흡수하는 것이죠. 이 습득의 과정에서 아이들은 자연스럽게 동기부여를 얻습니다. 여기에는 '소통'과 '재미'가 있기 때문이죠.

주고받기: 아이를 공놀이로 초청했으면 아이와 공을 주고받아야겠죠? 공을 주고받는 것처럼 언어 습득에도 말과 반응을 주고받는 과정이 꼭 필요합니다. '주고받는 것'을 다른 말로 하면 상대와의 상호작용 또는 의사소통인데요, 의사소통을 할 때는 문법을 생각하기보다는 전달하고자 하는 내용에 집중하게 됩니다. 흥미로운 것은 이 과정을 거치면 암기로 외운 것보다 훨씬 오래 기억에 남는다는 사실입니다.

제가 터키에서 인턴을 했을 때 터키어를 배우기 위해 식당에 가면 꼭 종업원들과 대화를 했어요. 알고 있는 단어를 조합해 소통을 하거나 번역기를 흘끔흘끔 보면서 대화하는 정도였지만 내가 어느 나라에서 왔는지, 여기에 왜 왔는지, 터키의 어떤 부분이 좋은지 등등 내용을 전달하는 데 집중했을 뿐, 문법이 완벽한지에 대해서는 크게 신경 쓰지 않았어요. 그렇게 터키 사람들과 공을 주고받으며 사용했던 표현들은 잘 잊히지 않았고 한 달이 지나고 나니 기본 회화가 가능해졌어요.

이처럼 우리 아이들도 영어로 반응을 주고받는 경험이 필요해요. 물론, 그 반응은 꼭 말이 아닐 수 있죠. 아직 말을 하지 못하는 아이에게는 눈맞춤과 표정, 자신만의 소리가 반응일 테고, 아직 영어가 서툰 아이에게는 한국어로 답하거나 행동으로 보여주는 것이 반응일 거예요. 아이가 영어로 말만 하지 않을 뿐 모두 영어로 소통하는 과정이나 다름없습니다. 영어를 듣고 이해하며 그에 반응을 보이고 있으니까요.

부모가 영어를 잘하지 못해도 아이를 적극적으로 개입시켜 영어로 소통을 시도하는 것이 중요해요. 중간에 한국어가 섞여도 괜찮습니다. 이 과정을 통해 얻을 수 있는 가장 큰 이점은 아이가 영어를 대화의 도구로 인지하는 것입니다. 영어를 소통의 수단으로 인식하는 아이와 좋은 결과를 내야만 하는 학습으로 인식하는 아이는 출발점부터 달라져요.

어떤 차이가 날까요? 아이들에게 '소통'은 가장 큰 동기부여이기 때문에 이에 따라 영어를 대하는 자세가 달라져요. 어릴 때부터 영어를 소통의 도구로 접한 아이들은 이해가 되지 않거나 특별한 경우를 제외하고는 영어를 거부할 확률이 낮아집니다. 또한 이미 영어 소리에 익숙하기 때문에 파닉스를 배울 때도 더 유리할 수밖에 없으며 이것이 읽기, 쓰기에 대한 동기부여나 학습능력으로 이어질 수 있습니다.

무엇보다도, 영어로 이루어지는 주고받기 경험은 아이들의 발화에 가장 큰 영향을 미친다고 할 수 있어요. 발화에도 여러 종류가 있습니다. 단순히 누군가의 말을 따라 하거나 노래를 흥얼거리며 부르는 것도 발화의 한 형태로 볼 수 있지만, 진정한 발화는 상호작용 속에서 자신의 의사를 말로 표현하는 것을 의미합니다.

이러한 맥락에서 발화는 단순히 언어적 표현 이상의, 사회적인 행위라 할 수 있어요. 상대방과 주고받는 상호작용이야말로 아이의 발화를 촉진하고 확장하는 핵심 요소인 것이죠. 따라서 영유아기 영어에서 가장 중요한 점은 주고받는 소통을 중심으로 한 환경을 조성하는 것이라 할 수 있습니다

편안한 환경: 아이와 공놀이를 할 때 "그게 뭐야! 똑바로 던져야지! 왜 이렇게 못하니?" 하며 윽박지르거나 화를 내며 아이를 긴장시키는 경우는 없어요. 만약 그런다면 아이는 공놀이에 흥미를 잃을뿐더러 겁이 나서 제대로 실력을 보여줄 수 없을 거예요. 아이와 재미있게 노는 데 초점을 맞추는 것이 아이가 가장 효과적으로 배울 수 있는 방법이죠. 이 시기 영어도 마찬가지입니다. 편안한 환경에서 아이에게 영어를 노출시키는 것

이 중요해요.

스티븐 크라센은 이것을 '감정적 여과 장치'라고 부릅니다. 감정적 여과 장치란 한마디로 인풋의 효과를 극대화시킬 수도, 감소시킬 수도 있는 필터입니다. 동일한 인풋을 받더라도 사람이 가진 필터에 따라 인풋의 양과 질이 달라져요. 이 필터는 세 가지로 이루어져 있어요. 동기부여, 자신감, 안전이죠.

동기부여가 높은 사람, 자신감이 높은 사람, 안전하다고 느끼는 환경에 있는 사람은 감정적 여과 장치가 대부분의 인풋을 잘 통과시켜 좋은 효과를 내지만, 동기부여가 낮은 사람, 자신감이 낮은 사람, 긴장되고 불안한 환경에 있는 사람은 필터가 촘촘하기 때문에 인풋을 많이 걸러내 효과가 감소하죠.

감정적 여과 장치는 아이들이 배우는 모든 것에 적용할 수 있는 개념입니다. 언어에서도 아이가 편하게 느낄 수 있도록 환경을 만들어주는 것이 중요하기 때문에 엄마가 아이를 불안하게 하거나 자꾸 확인하려고 하거나 무섭게 혼내면 아이들 영어교육에 전혀 도움이 되지 않아요.

반복: 공놀이를 잘하려면 반복해서 연습해야 해요. 이 시기 아이들에게 반복은 새로운 것을 잘 배우기 위한 중요한 전략 중 하나입니다. 같은 책을 계속 읽어달라는 아이, 같은 질문을 계속 던지는 아이, 같은 행동을 반복하는 아이 등 이 시기 아이들에게 있어 반복은 너무나 당연해요.

아기들이 처음 말을 배울 때도 반복은 필수입니다. 아기들은 반복해서 언어를 들으며 어떤 소리로 문장이 끝나는지, 어떤 소리 뒤에 어떤 소리가 오는지 등 통계를 내어 배워요.[2] '-어' 소리가 난 후에 엄마가 말을 멈추는구나, '마엄'보다는 '엄마'가 많이 들리니까 이게 단어구나, '가' 뒤에는 어떤 소리가 많이 오는구나 하고 깨닫게 됩니다.

이 시기 아기들에게 영어 노래를 불러주거나 책을 읽어줄 때, 놀이나 회화를 할 때도 반복은 꼭 필요해요. 반복을 통해 익숙해지고 그에 대한 시냅스가 더 강해지며 장기 기억으로 저장되고 새로운 것과 연결시키기까지 할 거니까요. 이 맥락에서 인풋에 대한 결과값인 발화를 살펴보면, 반복이 아주 큰 역할을 하는 걸 볼 수 있어요.

주고받는 상호작용이 아무리 효과적이라고 해도 상호작용 속에서 단 한 번 들은 단어나 표현을 아이가 바로 자기 것으로 만들어 다른 유사 상황에서 발화로 이어지는 것은 꽤나 어려워요. (여기서 제가 말하는 발화는 부모가 한 말을 바로 모방하는 것이 아닌 새로운 단어를 배우고 시간이 지난 후 새로운 상황에서 아이가 자발적으로 그 단어를 사용하는 상황을 의미합니다.) 물론 그 상호작용의 기억이 굉장히 인상적이고 강력하다면 단 한 번의 입력만으로도 타 상황에서 발화가 가능하겠지만 그런 경우는 확률적으로 드물죠. 그래서 아이들의 발화에는 반복이 필수적입니다.

반복에는 크게 상황 레벨과 내용 레벨로 나눌 수 있습니다. 각각은 아이의 언어 학습에서 중요한 역할을 하며, 이를 적절히 활용하면 발화의 질과 양을 모두 향상시킬 수 있습니다.

상황 레벨

① 현재 시간에서의 반복:

현재 활동 중인 상황에서 반복적으로 같은 단어나 문장을 사용합니다.

예 여러 장난감을 가지고 놀면서 차를 들고 "It's a car. Car!"라고 말한 뒤, 조금 지나서 다시 같은 차를 들고 "It's a car. Car!"라고 반복합니다.

② 유사 상황에서의 반복:

이전과 유사한 상황에서 반복적으로 동일한 표현을 사용합니다.

예 장난감을 가지고 논 다음 날, 놀이 시간에 다시 차를 들고 "It's a car. Car!"라고 반복합니다.

③ 다른 상황에서의 반복:

완전히 다른 맥락에서 동일한 단어와 문장을 반복합니다.

예 등원 길에 실제 차를 보며, 그림책을 읽는 시간에, 영상을 볼 때 "It's a car. Car!"라고 말해주는 것이죠.

내용 레벨

① 동일 반복:

글자 그대로 동일한 단어와 문장을 반복합니다.

예 상황 레벨의 예시와 같이 "It's a car. Car!"라는 문장을 그대로 여러 번 반복합니다.

② 유사 반복:

이전에 사용한 핵심 단어를 포함하되, 다양한 표현으로 반복합니다.

예 "This is a car.", "Here is a car."처럼 핵심 단어(car)를 중심으로 문장을 조금씩 다르게 표현합니다.

③ 확장 반복:

핵심 단어를 포함하지만, 문장의 맥락이나 뜻을 확장하여 사용합니다.

예 "I love this car.", "The car is so fast!"와 같이 새로운 정보를 추가하여 말해줍니다.

이렇게 상황 레벨과 내용 레벨의 반복을 조화롭게 활용하면, 아이는 단어와 문장을 더 풍부한 맥락에서 경험하고 자연스럽게 내재화할 수 있으니 적극적으로 반복해보세요!

연결해서 확장: 마지막으로 아주 중요한 확장입니다. 집에서만 공놀이를 해본 아이보다 마당, 운동장, 풀밭 등에서 공놀이를 해본 아이가, 부모와만 공놀이를 해본 아이

보다 다양한 사람과 공놀이를 한 아이가 더 풍부한 경험을 가지며 잘할 수밖에 없어요.

또 이전에 공놀이로 공에 대한 감각을 키운 아이는 다른 구기종목을 배울 때도 더 잘할 가능성이 높겠죠. 같은 공놀이지만 다양한 환경이나 방법을 경험한 아이들은 스스로 지식을 연결해 확장하고, 이 덕분에 더욱 단단하고 깊은 이해력을 가지게 돼요.

우리 뇌가 학습하는 방법을 한마디로 표현하면 '연결'이에요. 이전에 알고 있던 것과 새로 배우는 것을 연결시키며 배움이 일어나죠. 연결은 우리 뇌와 닮은 가장 본질적인 교육 방법이라고 할 수 있어요. 책에서 익힌 표현을 노래와 놀이에서 반복적으로 접하면서 아이들의 배움을 효과적으로 연결하고 확장시켜 발화를 이어지게 도와주세요.

이 시기 영어 습득은 공놀이와 참 많이 닮았어요. 누구나 방향을 잃을 때가 있죠. 이 시기 아이들과 영어를 하는 부모님이나 선생님들은 꼭 공놀이를 기억하며 방향을 잡아가기를 바랍니다.

1. Fitch, A., Scott, K., & Goldin-Meadow, S. (2020). Toddlers' word learning through overhearing: Others' attention matters. Journal of Experimental Child Psychology, 193, 104793. https://doi.org/10.1016/j.jecp.2019.104793
2. Kuhl, P. K. (2007). Cracking the speech code: How infants learn language. Acoustical Science and Technology, 28(2), 71-83. https://doi.org/10.1250/ast.28.71

CHAPTER 2.

우리 아이 영어를 탄탄하게 해줄 언어 발달 지식

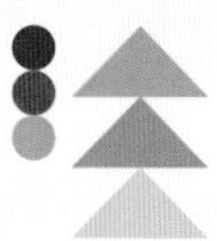

따라 할 모델이 필요해요

"언어 지식이요? 영어하는 데 언어 지식까지 알아야 해요?"

당연히 몰라도 되고 실천편만 따라 해도 되지만, 알고 있으면 분명 이득이 되는 것이 언어 지식이에요. 한 연구팀에서 부모를 두 그룹으로 나누어 한 그룹에게만 언어 발달과 효과적인 노출에 대해 교육한 결과, 언어 지식을 교육받은 부모들이 더 효과적인 언어 자극을 제공했고, 그 결과 이 그룹 아이들의 언어 능력이 상대 그룹에 비해 눈에 띄게 성장했어요.[1] 기본적인 언어 지식을 알고 있는 부모와 그렇지 않은 부모는 행동뿐 아니라 아이들에게 미치는 영향에도 차이가 있으니 집중해서 쏙쏙 흡수해봐요!

공놀이 이야기를 이어서 해볼게요. 공놀이의 시작은 무엇인가요? 바로 보는 것부터죠. 모든 언어 습득에는 모방할 누군가 또는 무언가가 필요해요. 저는 이것을 '언어 모델'이라고 불러요. 언어 모델은 사람이 될 수도 있지만 영상이나 책, 음원이 될 수도 있어요. 어른의 어른의 경우 인지가 발달해서 이해력이 좋기 때문에 여러 가지 매체를 활용할 수 있지만 아이들은 그렇지 않아요.

아이들의 인지 발달이 어른과 같지 않다는 것의 한 예로 '영상의 현실 적용 결핍 효과(Video Deficit Effect)'라는 것이 있습니다. 만 2.5~3세까지는 영상을 통해 접한 정보를 현실에 적용하기 어려워하는 현상을 말하죠. 예를 들어 아이들에게 컵을 숨기는 모습을 직접 보여주면 잘 찾을 수 있지만 영상으로 보여주면 신기하게도 찾기 어려워해요.

물론 얼마나 난이도가 있는 걸 시키느냐에 따라 영상을 보고 배우는 정도나 시기가 달라질 수 있지만 어쨌든 사람이 아닌 다른 매체로 배우는 것은 영유아기 아이들에게는 난이도가 높은 일이에요. 하지만 이런 한계를 보완해줄 수 있는 방법이 있어요. 바로 상호작용이죠. 이 과정에서 어른의 개입이 필요해요.

예를 들어볼게요. 앞서 9개월 아기들이 오디오나 영상으로는 외국어를 배우지 못했다는 연구를 소개했습니다. 만약 영상이나 오디오를 들을 때 엄마가 옆에서 따라 하고 아기에게 반응해준다면 어떨까요?

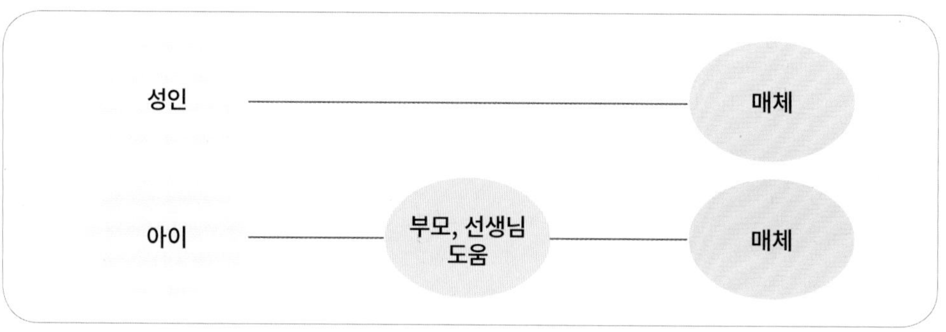

이 경우에는 어린 아기도 외국어를 배울 수 있을 거예요. 미디어가 도구가 되고 바로 옆에 있는 부모가 언어 모델이 되어 부모를 보고 배우는 것이죠. 특히 영어가 자유롭지 않은 부모는 따라 할 수 있는 리소스가 생기기 때문에 쉽고 부담 없이 영어를 노출해줄 수 있어요. 쉽게 말해 미디어를 유용한 상호작용의 도구로 활용하는 것이죠.

연구에 따르면 TV를 볼 때 부모가 함께 보며 내용에 대해 얘기해주는 것이 아이들의 주의력과 반응을 이끌어내는 데 긍정적인 영향을 미쳤다고 하고[2] 누군가 같이 있는 것만으로도 스크린을 통한 배움 효과가 증대되었다고 해요.[3] 그래서 아이들의 언어 모델로 매체를 활용할 때는 어릴수록 부모가 함께 따라 하는 것이 꼭 필요하고, 혼자서 영상으로 배울 수 있는 나이가 되었어도 부모가 상호작용하며 봐주면 배움의 효과는 극대화될 수밖에 없어요.

그렇다고 아이가 영상을 시청할 때 매번 같이 보라는 말은 아닙니다. 현실적으로 매번 함께하기가 어려우니까요. 물론 미국소아과학회에서 권고하는 것처럼 24개월까지는 함께 보는 걸 추천하고 그 이후에는 이렇게 해보세요.

처음 보는 영상은 한두 번 같이 보면서 반응을 주고받아요. 그다음부터는 아이 혼자서 보는 방법입니다. 아무래도 부모가 함께 보면 영상에 대한 흥미가 생겨 주의력이 높아지고 그로 인해 더 많은 것을 얻을 수 있어요. 그렇게 부모를 통해 영상에 대한 이해도를 높여서 기반을 만들어줍니다. 아이와 영상을 볼 때는 부모가 방청객처럼 반응을 보여주기만 해도 좋습니다.

추임새 넣기: "Wow!" "Uh-oh!" "Oh, no!" "Yay!"같이 짧은 추임새를 영상 상황에 맞게 넣어주세요. 아이들은 처음부터 영상을 완벽하게 이해하지 못하고 반복적으로 보면서 처음에는 20%를 이해했다면 점차적으로 100%까지 이해하게 되는데 이때 감정을 담은 추임새는 아이가 내용을 잘 이해할 수 있도록 도와줍니다.

캐릭터 말 따라 하기: 캐릭터의 짧은 말을 따라 하는 것도 아이들의 이해를 돕는데 효과적입니다. 한국어도 노래나 영상으로 들으면 무슨 말인지 안 들릴 때가 있어요. 그럴 때 옆 사람이 그 문장을 다시 한번 말해주면 "아!" 하게 되죠. 아이들도 마찬가지예요. 영상으로 듣는 것이 직접 듣는 것보다 어렵기 때문에 부모가 캐릭터의 말을 반복해주면 아이들이 더 잘 이해할 수 있습니다.

그림 표현하기: 아이들이 보는 영상은 생각보다 대사가 적고 그림으로 보여주는 부분이 많아요. 영상에서 대사가 없을 때는 장면을 말로 표현해보세요. 가장 쉬운 방법은 그림을 가리키며 단어를 알려주는 거예요. "Oh no, it's a police officer!" "Wow, it's a rainbow!" 또는 캐릭터의 행동을 표현해도 좋아요. "He's running." "She's crying."

아이의 한국어 반응을 영어로 표현하기: 아이들은 부모와 영상을 함께 보면 반응을 더 많이 하게 돼요. 아무래도 '함께'이니 상호작용이 늘어나는 거겠죠. 아이가 한국어로 반응한 것을 영어로 바꿔서 얘기해보세요. 전체 문장을 영어로 표현하는 것이 어렵다면 단어만이라도 좋아요. "Mr. Wolf는 Police 싫어해?"도 좋고 "Mr. Wolf doesn't like the police officers?" 또는 "Oh, the police officers?"도 좋습니다.

정리하면, 이 시기 아이들에게 가장 효과적인 언어 모델은 사람입니다. 하지만 영상을 상호작용의 도구로 활용해 부모가 아이와 영상 사이에 개입한다면 충분한 학습 효과를 얻을 수 있어요. 스스로 언어 모델이 되기 어렵다면 책이나 영상을 활용하고 영상을 활용할 때는 앞의 네 가지 방법으로 소통해보세요!

언어는 듣기부터: 노출의 양과 퀄리티

공놀이를 잘하려면 아이를 공놀이 환경에 자주 노출시켜야 해요. 언어도 타깃 인어에 노출시키는 것이 필수죠. 그럼 노출 환경은 어떻게 효과적으로 제공할 수 있을까요?

먼저 우리가 모국어를 습득하는 과정을 살펴보면 누구나 듣기부터 시작한다는 것을 알 수 있어요. 아기들은 6개월 동안 듣기 영역에만 불이 켜져 있다가 점차적으로 말하기 영역이 활성화되고 두 영역 간 연결성이 강해지죠.[4]

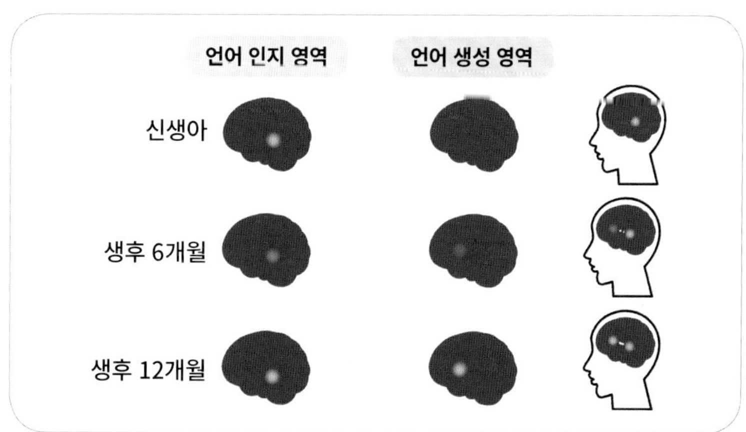

영아의 영어 인지 및 생성 영역 발달

이 시기의 영어 노출도 듣기부터 시작해 말하기와의 연결성을 형성한 후, 그다음 문자 학습으로 이어지는 것이 바람직합니다. 물론 나이에 따라 듣기, 말하기, 읽기, 쓰기가 함께 가야 할 때도 있고, 언어 영역은 서로 연결되어 있어서 어른들의 경우 강도 높은 읽기 트레이닝을 통해 듣기 실력이 향상되었다는 연구도 있지만,[5] 적어도 듣기 말하기 영역이 활발히 발달 중이며 아직 읽기, 쓰기 학습 준비가 되지 않은 시기에는 듣기부터 시작해주는 것이 맞아요.

이 시기 언어 소리 듣기는 모든 언어 영역의 주춧돌이 되죠. 좋은 퀄리티의 소리를 많이 들은 아기들이 더 말을 잘했을 뿐만 아니라[6, 7] 소리가 문법에도 영향을 미치는 걸 알 수 있어요.[8] 그런 의미에서 영어 소리 노출은 굉장히 중요하죠.

영어 소리 노출은 크게 노출의 양과 퀄리티 그리고 부스터로 나눌 수 있어요. 부스터란 이 노출의 효과를 극대화시켜주는 방법을 말합니다.

영어 노출의 양

많은 연구에서 노출 양과 노출 퀄리티는 언어 습득의 열쇠라고 밝혀지고 있어요. 전문가에 따라 조금씩 다르지만 '한 언어를 마스터하기 위해서는 몇 시간이 필요하다'라는 얘기를 들어봤을 거예요. 수학 공식처럼 딱 정해져 있지는 않지만 언어를 배우기 위해서는 노출의 양이 어느 정도 받쳐줘야 해요.

앞서 잠깐 언급했지만, 아기들이 처음 언어를 배울 때 사용하는 전략 중 하나가 통계 학습(statistical learning)입니다. 아기들은 주변에서 나는 말소리를 들으면서 ①그 언어(또는 언어들) 고유의 소리와 박자에 익숙해지고 ②말소리를 구별하고 ③자신이 들은 말을 통계 내어 어떤 것이 단어인지 어떤 게 단어가 아닌지를 분별하죠.

당연히 말소리를 많이 들을수록 그 언어에 빨리 익숙해지고 말소리를 구별하고 정확한 통계를 낼 수 있어요. 실제로 연구에서도 이런 현상을 보였을 뿐 아니라 이후 언어 발달에까지 영향을 미쳤다고 하죠. 예를 들어 모음 소리를 더 잘 감지한 6개월 아기들이 2세가 되었을 때 더 많은 단어를 이해하고 말할 수 있었고,[6] 음절 간의 차이를 잘 들은 7.5개월 아기들이 2.5세가 되었을 때 더 많은 단어와 긴 문장으로 얘기했다고 해요.[7]

다른 아기들보다 모음 소리를 잘 감지하고 음절 간의 차이를 잘 들었다는 것은 그만큼 많이 들었기 때문에 가능한 것이고 많이 들은 아기들이 더 잘 말했다는 거예요. 영어 습득 또한 마찬가지로 영어 소리에 익숙해지고 이해하고 말까지 나오기 위해서는 노출 양이 어느 정도 충족되어야 합니다.

영어 노출 퀄리티

아웃풋을 위한 노출의 양이 정해져 있다면 그 목표치까지 더 빠르게 도달하도록 도와주는 것이 바로 노출의 퀄리티예요. 전문가에 의하면 가장 높은 퀄리티의 노출은 대면 상호작용입니다. 쉽게 말하면 '반응을 주고받는 과정'입니다. 우리가 공놀이에서 공을 주고받는 것처럼요. 주고받는 반응은 말이 될 수도 있고 표정이나 제스처가 될 수도 있어요. 아기가 웃으면 "우리 아가 기분이 좋아?" 하고 묻고 아기들은 옹알이로 표현하는 과정이 상호작용입니다.

영상이나 음원만으로 언어 노출을 해줄 수 있으나 아이의 인지능력 발달이 충분하지 않아 혼자서 미디어를 이해하거나 처리하지 못할 수도 있고,[9, 10] 미디어는 일방적이기 때문에 영유아 시기 최고의 노출 방법이라고 할 수 없습니다. 또 이 시기 아이들에게는 자신이 그 대화에 개입되어 있느냐 개입되지 않았느냐도 크게 영향을 미쳐요. 한 연구에서 19개월 아이들의 가정 내 부모와의 언어 상호작용을 하루 종일 녹음해 언어 노출 양과 퀄리티가 언어 능력에 어떤 영향을 미치는지 연구했습니다. 아이들이 24개월일 때 테스트한 결과, 부모가 아이에게 직접 말을 많이 할수록 더 높은 어휘력을 갖고 있었어요. 하지만 아이들이 대화에 개입되지 않고 간접적으로 들은 대화는 어휘력에 영향을 주지 않았죠.[11] 즉, 노출 양뿐만 아니라 '어떻게' 노출하느냐도 중요한 요소입니다. 이 시기 아이가 직접 개입되지 않은 상태의 노출은 큰 효과가 없으므로 영어를 노출할 때는 아이가 직접 개입된 환경에서 해주는 것이 중요해요.

정리하자면, 단어가 쏟아져 나오는 영상만 보여주는 것보다 부모가 짧은 문장으로 눈을 맞추며 놀아주거나 아이에게 반응해주는 것이 훨씬 더 효과적이라는 뜻이죠. 이제 공놀이를 더 빠르게, 효과적으로 배울 수 있는 방법, 즉 언어 노출의 퀄리티를 높이는 중요한 부스터 세 가지를 소개하겠습니다.

노출 퀄리티를 높여주는 부스터 1: 패런티즈

가장 먼저 우리 아이의 영어를 더욱 탄탄하게 해줄 패런티즈 화법을 소개할게요. 저는 몇 년 전부터 패런티즈가 아이들 언어교육에 큰 도움이 된다고 강조해왔고 프로그램까지 만들 정도로 패런티즈에 대한 사랑이 깊습니다. 패런티즈란 평소보다 ①높은 톤과 ②과장된 높낮이로 ③모음을 늘여서 ④아이가 응답할 시간을 주며 ⑤노래 부르듯 얘기하는 것입니다. 우리가 어린 아기에게 얘기할 때의 톤과 억양을 떠올리면 쉽게 이해할 수 있을 거예요. 전 세계 사람 누구나 아기에게 얘기할 때는 패런티즈를 사용하죠.[12]

수많은 연구에 따르면 아이들은 일반적인 어른의 말하기 방법보다 패런티즈 말하기 방법을 훨씬 더 좋아해요. 갓 태어났을 때도,[13] 조금 커서도요.[14, 15] 뿐만 아니라 패런티즈를 사용할 때 아이들은 말소리를 잘 구별하고,[16] 긴 문장을 단어 단위로 정확히 나누었고,[17] 새로운 단어를 쉽게 배우고,[18, 19] 발화를 증가시키는[20] 등 언어 발달을 촉진시키는 화법으로 잘 알려져 있어요.

재미있는 것은 아기들에게 모르는 새로운 언어를 들려줬을 때도 패런티즈를 선호했고[21] 두 언어에 노출된 아이들의 경우 두 언어 모두 패런티즈 화법으로 말해줬을 때 이후 표현 언어에 긍정적 영향을 미쳤으며[22] 어른이 외국어를 배울 때도 효과적이었다고 해요.[23] 패런티즈가 언어 습득에 효과적인 이유는 다이내믹한 운율이 아이들의 집중력을 높이고[24] 아이들이 선호하는 화법인만큼 더 잘 반응하니[25] 자연스럽게 반복되면서 우리도 모르는 사이에 말하기 연습이 이루어지기 때문입니다. 실제로 연구에 따르면 부모나 선생님이 패런티즈 화법으로 아이와 대화를 주고받는 횟수가 늘어나면 아이의 언어 발달에 도움이 된다고 해요. 모국어와 외국어 모두에 적용이에요.[25, 26]

패런티즈 화법은 새로운 언어를 배울 때 아주 효과적이죠. 우리 아이들의 어휘력과 언어 이해력이 어느 정도 자랄 때까지 패런티즈 화법을 사용해주면 아이들이 관심과 집중을 더 쏟기 때문에 분명 성공적인 영어 습득에 도움이 될 거예요.

하지만 유아어와 패런티즈 화법을 구별하는 것이 중요해요. 제가 한창 패런티스의 중요성을 강조할 때 부모들 사이에서 유아어 사용이 언어 발달에 좋지 않다는 얘기가 떠돌아다닌다는 것을 들었습니다. 굉장히 의문이었죠. 이미 학계에서 패런티즈 화법의 효과는 많은 연구로 입증되었는데 말이죠. 알고 보니 베이비 토크(baby talk)에 관한 이야기였어요. 아직 한국에는 패런티즈 화법(parentese)이 잘 알려지지 않은 때라 알아듣기 쉽도록 유아어라고 번역을 했는데 제가 생각한 유아어와 부모님들이 생각한 유아어가 다른 것이었던 거죠.

베이비 토크와 패런티스는 톤이나 억양, 속도 등 방법은 비슷하지만 패런티즈는 실제 단어와 정확한 문법 구조를 사용해 말하는 반면 베이비 토크는 실제 단어가 아닌 '빠방', '까까', '코코낸내' 같은 단어를 사용하며 더 자유롭고 편한 구조로 얘기하는 것이죠.

왜 한국 부모들에게 그런 오해가 생겼는지 추측해보면 "실제 단어를 사용하지 않는 베이비 토크가 좋지 않다"라고 전해지는 과정에서 오해가 생겨 유아어의 톤, 억양 등 아이들이 좋아하는 이 말하기 방법까지도 좋지 않다고 알려져 있는 것 같아요.

결론적으로 베이비 토크는 실제 단어를 사용하지 않으며 문법 구조에 어긋나는 표현이기에 언어 발달에 좋은 영향을 주지 않아요. 반면 정확한 단어와 문법을 사용하는 패런티즈 화법은 아이들 언어 발달에 유익해요. 영어를 사용할 때도 패런티즈 화법을 사용해주세요!

노출 퀄리티를 높여주는 부스터 2: 이해 가능한 인풋

우리가 몽골어를 배운다고 해볼까요? 처음부터 화려한 미사여구와 긴 문장으로 된 말을 이해할 수 있을까요? 아주 어려울 거예요. 물건을 보여주며 단어만 짧게 반복하는 건 어떨까요? 훨씬 쉽죠. 마찬가지로 아이들도 언어를 배울 때는 단어에서 짧은 문장, 긴 문장으로 점차 습득하게 돼요.

이렇게 점차적으로 언어 능력이 자라나기 때문에 시기마다 아이의 언어 수준에 적합한 인풋을 해줘야 해요. 스티븐 크라셴은 이를 '이해 가능한 인풋(comprehensible input)'이라고 말하죠. 이해 가능한 인풋이란 단어와 문장구조를 완벽히 이해하지 못해도 이해할 수 있는 인풋입니다. 현재 아이의 영어 수준보다 살짝 어려운 인풋을 제공해 맥락과 반복을 통해 뜻을 추론하도록 돕는 것이 이해 가능한 인풋의 핵심입니다.

어른들이 배우는 고급 어휘와 문장을 아이에게 사용하거나 미국 드라마 섀도잉에서 배운 영어를 아이에게 사용한다면 전혀 이해하지 못할 가능성이 커요. 각 시기마다 아이 수준에 맞는 영어를 사용해야 하죠. 예를 들어, 단어 정도만 알아듣는 아이에게 긴 문장으로 된 그림책을 읽어주면 전혀 이해하지 못해 도망갈 가능성이 높습니다. 단어를 알아듣는 아이에게는 하나의 문장 패턴이 반복되지만 그 안에 중요한 단어만 바뀌는 한 문장 책이 적당하겠죠. 문장이 반복되며 문장구조와 표현, 새로운 어휘를 배울 수 있어요.

수준에 맞는 내용도 중요하지만 아이들의 이해를 높이는 스킬 또한 큰 영향을 미쳐요. 우리가 몽골어를 몰라도 몽골 사람이 얘기하면 눈치껏 알아듣게 되는데 그 눈치가 바로 이 요소들을 바탕으로 합니다.

이해를 돕는 요소들

① 목소리 톤: 행복한 톤, 슬픈 톤, 화난 톤 등 목소리의 높낮이

② 표정: 웃는 표정, 우는 표정, 삐진 표정 등 말이 없어도 누구나 이해할 수 있는 세계 공통어

③ 제스처: 하이파이브, 따봉 같은 몸짓

④ 포인팅: 관련 있는 것을 손가락으로 가리키는 행동

⑤ 맥락(상황): 책 읽고 관련 놀이를 한다거나 밥 먹을 때 식사 관련 회화를 한다거나 등 상황과 연결성을 만들어주는 것

⑥ 시각 자료: 이해를 돕는 관련 그림이나 영상

⑦ 반복: 단어나 중요 동사 반복처럼 이해를 돕는 반복

아이들의 영어 노출을 위해 책, 노래, 영상, 대화 등 어떤 방법을 활용하든 위의 요소들을 함께 사용하면 더 효과적입니다. 이에 대한 실천 방법은 실천편에서 자세히 다루도록 하겠습니다.

노출 퀄리티를 높여주는 부스터 3: 다양한 사람

신기하게도 아이들은 여러 사람에게서 언어 인풋을 받을 때 그만큼 더 잘 배운다고 해요. 두 언어에 노출된 25개월 아이들을 연구한 결과, 다양한 사람에게서 언어를 들었을 때 더 많은 단어와 문장구조를 알고 있었다는 것이죠.[27]

그 이유는 두 가지로 생각해볼 수 있어요. 새로운 사람을 만나면 아이들의 주의력과 관심이 높아져 인지적으로 언어를 더 잘 습득하는 것일 수도 있고, 사람마다 같은 말이라도 사용하는 어휘나 표현이 다르기 때문에 더 다양한 어휘와 문장구조에 노출되어 환경적으로 언어습득에 유리해지는 것일 수도 있어요. 정확한 이유는 아직 밝혀지지 않았

지만 둘 다 일리가 있죠.

그렇기 때문에 집에서는 엄마와의 영어 노출을 지속하면서도 다양한 사람과의 언어 경험을 제공하는 것이 노출 퀄리티를 높일 수 있는 좋은 방법입니다. 주변에 있는 영어 놀이 센터나 방문 수업, 문화센터 등을 활용해보세요 .

이 챕터에서는 언어를 배울 때 중요한 언어 모델과 노출 방법, 그리고 노출 효과를 극대화하는 부스터에 대해 알아보았어요. 다음 챕터에서는 아이들의 언어 기억에 대해서 살펴보겠습니다.

1. Ferjan Ramírez, N., Lytle, S. R., & Kuhl, P. K. (2020). Parent coaching increases conversational turns and advances infant language development. Proceedings of the National Academy of Sciences of the United States of America, 117(7), 3484-3491.
2. Barr, R., Zack, E., Garcia, A., & Muentener, P. (2008). Infants' attention and responsiveness to television increases with prior exposure and parental interaction. Infancy, 13(1), 30-56.
3. Lytle, S. R., Garcia-Sierra, A., & Kuhl, P. K. (2018). Two are better than one: Infant language learning from video improves in the presence of peers. Proceedings of the National Academy of Sciences of the United States of America, 115(40), 9859-9866.
4. Imada, T., Zhang, Y., Cheour, M., Taulu, S., Ahonen, A., & Kuhl, P. K. (2006). Infant speech perception activates Broca's area: A developmental magnetoencephalography study. Neuroreport, 17(10), 957-962.
5. Chiba, K., Miyazaki, A., & Yokoyama, S. (2022). Extensive reading affects second language listening proficiency: An fNIRS study. Research Square.
6. Tsao, F. M., Liu, H. M., & Kuhl, P. K. (2004). Speech perception in infancy predicts language development in the second year of life: A longitudinal study. Child Development, 75(4), 1067- 1084.
7. Kuhl, P. K., Conboy, B. T., Padden, D., Nelson, T., & Pruitt, J. (2005). Early speech perception and later language development: Implications for the "critical period". Language Learning and Development, 1(3-4), 237-264.
8. Finn, A. S., Hudson Kam, C. L., Ettlinger, M., Vytlacil, J., & D'Esposito, M. (2013). Learning language with the wrong neural scaffolding: The cost of neural commitment to sounds. Frontiers in Systems Neuroscience, 7, 85.

9. Kuhl, P. K., Tsao, F. M., & Liu, H. M. (2003). Foreign-language experience in infancy: Effects of short-term exposure and social interaction on phonetic learning. Proceedings of the National Academy of Sciences of the United States of America, 100(15), 9096-9101.

10. Barr, R. (2010). Transfer of learning between 2D and 3D sources during infancy: Informing theory and practice. Developmental Review, 30(2), 128-154.

11. Weisleder, A., & Fernald, A. (2013). Talking to children matters: Early language experience strengthens processing and builds vocabulary. Psychological Science, 24(11), 2143-2152.

12. Hilton, C. B., M oser, C. J., Bertolo, M., & Werker, J. F. (2022). Acoustic regularities in infant- directed speech and song across cultures. Nature Human Behaviour, 6, 1545-1556.

13. Cooper, R. P., & Aslin, R. N. (1990). Preference for infant-directed speech in the first month after birth. Child Development, 61(5), 1584-1595. https://doi.org/10.2307/1130766

14. Santesso, D. L., Schmidt, L. A., & Trainor, L. J. (2007). Frontal brain electrical activity (EEG) and heart rate in response to affective infant-directed (ID) speech in 9-month-old infants. Brain and Cognition, 65(1), 14-21.

15. Kitamura, C., & Lam, C. (2009). Age specific preferences for infant-directed affective intent. Infancy, 14(1), 77-100.

16. Trainor, L. J., & Desjardins, R. N. (2002). Pitch characteristics of infant-directed speech affect infants' ability to discriminate vowels. Psychonomic Bulletin & Review, 9(2), 335-340.

17. Thiessen, E. D., Hill, E. A., & Saffran, J. R. (2005). Infant-directed speech facilitates word segmentation. Infancy, 7(1), 53-71.

18. Estes, K. G., & Hurley, K. (2013). Infant-directed prosody helps infants map sounds to meanings. Infancy, 18(5), 797-824.

19. Ma, W., Golinkoff, R. M., Houston, D., & Hirsh-Pasek, K. (2011). Word learning in infant- and adult-directed speech. Language Learning and Development, 7(3), 185-201.

20. Ramírez-Esparza, N., García-Sierra, A., & Kuhl, P. K. (2014). Look who's talking: Speech style and social context in language input to infants are linked to concurrent and future speech development. Developmental Science, 17(6), 880-891.

21. Byers-Heinlein, K., Tsui, A. S. M., Bergmann, C., et al. (2021). A multilab study of bilingual infants: Exploring the preference for infant-directed speech. Advances in Methods and Practices in Psychological Science, 4(1).

22. Ramírez-Esparza, N., García-Sierra, A., & Kuhl, P. K. (2017). The impact of early social interactions on later language development in Spanish-English bilingual infants. Child Development, 88(4), 1216-1234.

23. Golinkoff, R. M., & Alioto, A. (1995). Infant-directed speech facilitates lexical learning in adults hearing Chinese: Implications for language acquisition. Journal of Child Language, 22(3), 703-726.

24. Zhou, X., Wang, L., Hong, X., & Wong, P. C. M. (2024). Infant-directed speech facilitates word learning

through attentional mechanisms: An fNIRS study of toddlers. Developmental Science, 27(1), e13424.

25. Ferjan Ramírez, N., Lytle, S. R., & Kuhl, P. K. (2020). Parent coaching increases conversational turns and advances infant language development. Proceedings of the National Academy of Sciences of the United States of America, 117(7), 3484–3491.

26. Ferjan Ramírez, N., & Kuhl, P. K. (2017). Bilingual baby: Foreign language intervention in Madrid's infant education centers. Mind, Brain, and Education, 11(3), 133-143.

27. Place, S., & Hoff, E. (2011). Properties of dual language exposure that influence 2-year-olds' bilingual proficiency. Child Development, 82(6), 1834 1849.

부록

엄마들이 자주 하는 질문 세 가지

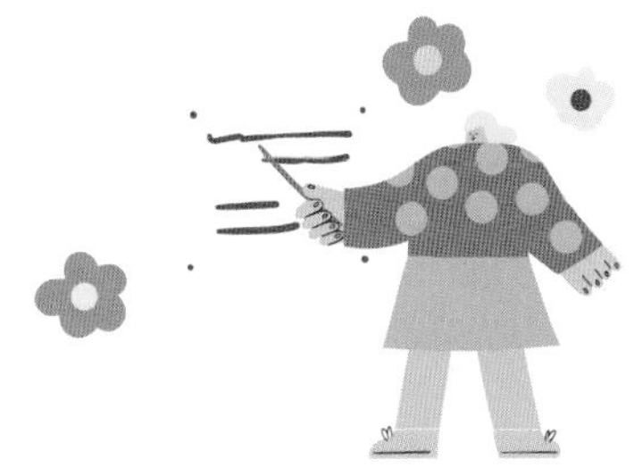

Q. 엄마가 영어 발음이 안 좋아도 아이에게 영어를 쓰는 게 나은가요?

A. 많은 엄마들이 묻는 질문 중 하나입니다. "제가 발음이 안 좋은데 영어 책을 읽어줘도 될까요?" "노래를 불러줘도 될까요?" "대화를 해도 될까요?" "아이가 어린이집에서 배운 걸 영어로 얘기하는데 제 발음을 배울까 봐 저는 한국어로 대답해요." 이 문제에 대해서는 '무엇이 더 중요한가'의 관점으로 접근해야 해요.

우선 발음과 억양은 언제 형성될까요? 학자마다 주장이 조금씩 다릅니다. 발음이나 억양은 소리의 영역이기 때문에 아기가 첫 단어를 내뱉는 때(약 12개월)에 형성된다고 주장하기도 하고,[1] 새로 접한 외국어는 이미 세팅된 모국어 소리를 바탕으로 받아들이기 때문에 모국어 소리 시스템을 마스터하는 5~7세 시기에 억양이 생긴다고도 하고,[2] 사춘기 전인 만 10~11세까지를 발음의 민감기로 보고 그쯤 발음의 고착화가 된다고 하는 학자도 있어요.[3] 학자들이 얘기하는 시기는 조금씩 다르나 명확한 것은 성인이 되고 나서보다는 어릴수록 발음을 고치기가 쉽다는 것입니다. 많이 들었듯 어른보다 아이들의 뇌 가소성이 뛰어나서 더 쉽게 고칠 수 있는 것이죠.

개인적인 생각으로는, 역량에 따라 조금 크거나 어른이 돼서도 충분히 발음을 고쳐 원어민과 비슷하게 말할 수 있다고 생각해요. 아이들을 가르치며 그런 경우를 많이 봤고 중학교 때 이민 간 친구들을 봐도 원어민 같은 억양을 구사하기 때문이죠. 그래서 성인이 되면 아예 불가능하다가 아니라 그만큼 어렵다라는 개념으로 봐야 해요.

다만 앞서 말했듯, 개인의 역량에 따라 조금씩 다른데 발음을 따라 한다는 것은 톤, 억양, 강세처럼 음악적 요소를 사용하기 때문에 음악적 역량이 높을수록 더 잘 모방하고 더 잘 고칠 수 있어요.[4] 그러니 어릴 적부터 음악에 많이 노출시켜주면 이후 발음을 고치는 데 훨씬 더 수월하겠죠?

여기서 생각해봐야 할 점은 '이 시기 영어교육에서 발음이 얼마나 중요한가?'예요. 영어교육은 다양한 요소를 포함하고 있는데 이 시기에 발음보다 더 중요한 것은 없는지를 따져본 후, 내 발음이 좋지 않으니 입을 닫고 있을 것인지 그래도 영어를 노출해줄 것인지 결정해야 하죠.

결론적으로 이 시기에는 발음보다 더 중요한 것이 있어요. 바로 소통과 재미를 통해 영어에 대한 감을 익히고 동기부여를 해주는 거예요. 이를 통해 영어를 한국어 같은 언어로 인식하게 되고, 영어에 대한 좋은 감정이 생기며, 학습의 단계로 들어갔을 때도 긍정적인 영향을 미쳐요. 궁극적으로 영어를 지속할 수 있는 탄탄한 기반을 만들어주는 것이죠.

이 시기 아이들이 영어로 소통과 재미를 경험하기 위해서는 영어 영상 노출만으로는 부족해요. 이 특별한 시기에 가장 효과적인, 아이에게 가장 동기부여가 되는 것은 '대면 소통'이죠. 그렇기 때문에 나의 발음이 좋지 않다고 놀이, 대화, 영어책 읽어주는 것을 무작정 피하고 원어민이 나오는 영상 매체만 보여주는 것보다는 발음보다 더 중요한 소통을 경험하게 해주고, 영상이나 음원까지도 상호작용의 도구로 활용해주는 것이 바람직해요.

그렇다고 발음이 중요하지 않은 건 아니에요. 저는 발음이 중요하다고 생각해요. 사람들은 발음에 따라 능력에 대한 편견을 가지고,[5] 친구하고 싶은지 아닌지,[6] 이 사람을 신뢰할지 안 할지[7]를 판단한다는 연구 결과를 보면 사람들이 발음을 얼마나 중요하게 여기는지 알 수 있거든요.

하지만 발음도 결국 노출이기에 아이가 자라며 영상과 음원을 처리하는 능력이 높아지고, 미디어를 통한 원어민 발음 노출이 늘어나고, 또 영어 기관에서 발음 좋은 영어 선생님을 만나며 스스로 고칠 수 있는 시간이 충분히 있어요.

이렇게 해보세요. 매체(음원, 영상)를 통해 원어민 발음의 노출 양을 높여 이것이 대중적이고 권위 있는 발음이 되도록 하고 상대적으로 부모님의 발음을 적은 비중, 즉 소수 발음이 되도록 만드는 것이죠. 물론, 이것만으로 부족할 수도 있어요. 그럴 때는 대면으로 원어민이나 원어민에 준하는 사람을 만나 그 사람의 입모양을 보고 배우도록 하거나 발음 전문 선생님에게 입모양과 발성을 배운다면 큰 발전을 볼 수 있을 거예요. 이미 음원으로 원어민 소리를 많이 들어왔던 아이들은 기반이 있어서 눈에 띄게 성장하는 게 보인답니다.

결론적으로 이 시기에는 발음보다 더 중요한 '소통과 재미를 통한 영어 기반'을 만들어주는 데 집중하고 발음은 아이가 스스로 고칠 수 있도록 지속적으로 원어민 오디오를 틀어주세요. 아이가 언제 주목하고 배우고 있을지 모르니까요! 간간히 부모님이 틀어놓은 오디오를 따라 한다거나 추임새를 넣어 의도적으로 주의를 집중시켜주는 것도 좋은 방법이에요.

Q. 문법이 틀려도 아이에게 영어를 사용하는 게 낫나요?

A. 네, 발음과 마찬가지로 문법이 완벽하지 않아도 아이와 영어를 사용하며 자연스러운 소통을 경험하도록 하는 것이 좋아요. 말하기에는 '유창성'과 '정확성'이라는 두 가지 개념이 있어요. 유창성이란 얼마나 쉽고 빠르게 쉼 없이 말하는가에 대한 것이고, 정확성은 얼마나 정확하게 말하는가에 대한 것이죠. 가장 이상적인 것은 정확한 문장을 사

용하며 유창성을 길러주는 것이지만, 둘 중 하나를 선택해야 한다면 이 시기에는 유창성에 집중하는 것이 바람직해요.

주변을 보면 두 가지 유형의 부모가 있어요. 한 유형은 문법이 완벽하지 않아도 짧은 영어로 아이에게 반응하며 소통하려는 부모이고, 다른 유형은 정확한 문장 구사를 위해 머릿속으로 문법을 고민하며 어렵게 한 문장을 내뱉는 부모입니다. 경험상 전자의 아이들이 영어로 소통하려는 의지를 갖고 있고 이 의지는 이후 영어 습득의 단단한 주춧돌이 됩니다.

영어가 어려운 부모님의 경우, 짧은 영어라도 소통하는 경험을 통해 영어가 일상적이고 즐거운 소통의 언어로 자리 잡을 수 있게 돕고, 책과 영상 같은 정확성 높은 자료를 통해 아이의 영어 정확성을 높이는 방법을 추천해요. 이후 영어 여정을 생각해보면, 정확성을 잡아주는 건 책, 영상같이 쉽게 사용할 수 있는 자원이 많기 때문에 오히려 쉽지만 소통의 경험을 제공하고 아이의 소통을 이끌어내는 건 더 오랜 시간과 노력, 비용이 들어가니까요.

한 가지 당부하고 싶은 점은 정확성을 위해 아이의 말을 자주 수정하거나 핀잔을 주고 화를 낸다면 대화가 끊어져 의사소통에 방해가 될 뿐 아니라 아이의 자신감도 하락할 수 있기 때문에 주의해주세요. 가능하다면 부모가 아이의 말을 올바른 문장으로 바꿔주고 확장된 문장 한두 개를 덧붙여 중요 표현을 반복해주는 것이 가장 이상적입니다.

예를 들어 영어가 편한 부모님의 경우, 아이가 "strawberry eat"라고 했다면 "Do you want to eat the strawberries? Let's eat the strawberries!"라고 아이가 정확한 문장을 습득할 수 있도록 모델링을 해주는 것이죠. 이것이 어렵다면, 아이가 한 말에서 중요 단어만 뽑아 외치거나 다양한 제스처, 소리, 의성어 등으로 아이의 말에 반응해주면 돼요. "Strawberries! Red strawberries! Yum-yum!" 이렇게 하는 거죠. 아이가 영어 소통에 흥미를 유지하도록 짧은 영어로 신나게 반응해주세요.

Q. 이 시기에 두 가지 언어를 노출하면 좋은 점은 무엇인가요?

A. 인지적인 측면으로 보면 전두엽이 관여하는 집행기능이 발달해요. 집행기능은 한마디로 뇌의 관제소 같은 역할을 하며 다른 인지 기능을 제어하고 조정합니다. 쉽게 말하면 우리가 계획하고, 어떤 것에 주의를 둘지 조절하고, 문제 해결을 하고, 하나의 일에서 다른 일로 전환하는 이 모든 것이 집행기능이죠.

이중언어를 하는 사람은 두 언어가 한번에 활성화되는데 둘 중 자신이 사용하고자 하는 하나의 언어만 선택하고 나머지는 억제 과정에서 전두엽의 주요 역할인 집행기능을 사용하게 되죠. 이 집행기능은 훈련할수록 좋아지기 때문에 어렸을 때부터 이중언어에 노출된다면 집행기능을 훈련시킬 수 있는 더 많은 시간을 확보할 수 있어요. 사실 이중언어 외에도 가라사대 게임, 분류놀이 등 다른 방법으로도 집행기능 훈련이 가능하지만 언어 사용만큼 자주 할 수 있는 훈련은 없죠. 두 가지 언어 노출과 사용이 집행기능 훈련에 가장 효과적이고 효율적인 방법인 이유예요.

또 이중언어를 사용하면 창의력, 문제 해결 능력, 사회성이 발달한다는 주장도 있어요. 두 가지 언어를 왔다 갔다 하며 사용하는 것이 인지 유연성을 높이는데[8, 9] 이 유연성으로 인해 창의력과 문제 해결 능력이 촉진된다는 말도 있고[10] 새로운 사회에 더 잘 적응하고 더 정확하게 분위기를 파악한다고 해요.[11]

물론 이런 인지적 장점은 두 가지 언어를 얼마나 균형 있게 하는지와 밀접한 연관이 있어요. 제2언어가 더 능숙할수록 이런 장점을 확실하게 누릴 수 있는 것이죠. 그러기 위해서는 역시 지속적인 노출이 중요하고 뇌 가소성이 높은 어린 시기부터 노출을 시작한다면 장점을 누릴 수 있는 확률이 더 높아져요. 물론, 어른이 돼서 배워도 강도 높은 몰입 환경에 있다면 이런 장점을 충분히 누릴 수 있죠. 단지 이미 대부분의 신경이 자신만의 확고한 패턴을 가지고 있기 때문에 조금은 더 어려울 수 있어요.

어릴 때는 환경적으로 더 풍부한 배움이 가능해요. 일반적으로 어른은 대부분 시각

적, 청각적 자료만을 가지고 혼자 언어를 배우는 반면 아이들은 더 많은 감각을 사용하고 누군가와 함께, 맥락이 있는 상황에서 습득하죠. 엄마와 그림책을 읽으며 상호작용한다거나 놀이를 하고, 노래와 율동을 통해 다양한 감각운동을 사용해요. 무엇보다 현재 듣고 있는 단어나 문장을 해당 사물이나 행동으로 상호작용하며 기억에 입력시키기 때문에 풍부한 지각 행동 처리가 가능해요. 또한 사람과 함께 소통하며 언어를 배우다 보니 사회적인 언어를 경험할 수 있어요.

심리적으로는 자의식이 강한 어른에 비해 아이들은 남의 시선을 많이 의식하지 않고 틀리는 것을 두려워하지 않아요. 뿐만 아니라 아이들은 틀려도 포용해주는 분위기에서 언어를 습득하기에 좀 더 쉽게 안정감을 느끼며 배울 수 있어요. 이렇게 어린 시기부터 두 가지 언어를 노출해주면 장점이 많아요. 지속적이고 질 높은 언어 노출을 통해 아이들이 이러한 장점을 충분히 누릴 수 있게 도와주세요.

1. Kiester, E. Jr. (2001, January). Accents are forever: By their first birthday, babies are getting locked into the sounds of the language they hear spoken. Smithsonian Magazine. Retrieved from https://www.smithsonianmag.com/science-nature/accents-are-forever-35886605/
2. Flege, J. E. (1999). Age of learning and second language speech. In D. Birdsong (Ed.), Second language acquisition and the critical period hypothesis (pp. 101-132). Mahwah, NJ: Lawrence Erlbaum.
3. Johnson, J. S., & Newport, E. L. (1989). Critical period effects in second language learning: The influence of maturational state on the acquisition of English as a second language. Cognitive Psychology, 21(1), 60–99.
4. Li, P., Zhang, Y., Baills, F., & Prieto, P. (2023). Musical perception skills predict speech imitation skills: Differences between speakers of tone and intonation languages. Language and Cognition, 1-19. https://doi.org/10.1017/langcog.2023.52
5. Baquiran, C. L. C., & Nicoladis, E. (2020). A doctor's foreign accent affects perceptions of competence. Health Communication, 35(6), 726–730.
6. Paquette-Smith, M., Buckler, H., W hite, K. S., Choi, J., & Johnson, E. K. (2019). The effect of accent

exposure on children's sociolinguistic evaluation of peers. Developmental Psychology, 55(4), 809–822.

7. Lev-Ari, S., & Keysar, B. (2010). Why don't we believe non-native speakers? The influence of accent on credibility. Journal of Experimental Social Psychology, 46(6), 1093–1096.

8. Bialystok, E., & Senman, L. (2004). Executive processes in appearance-reality tasks: The role of inhibition of attention and symbolic representation. Child Development, 75(2), 562–579.

9. Carlson, S. M., & Meltzoff, A. N. (2008). Bilingual experience and executive functioning in young children. Developmental Science, 11(2), 282–298.

10. Xia, T., Li, S., Wang, N., & Meng, X. (2022). Bilingualism and creativity: Benefits from cognitive inhibition and cognitive flexibility. Frontiers in Psychology, 13, 1016777.

11. Ikizer, E. G., & Ramírez-Esparza, N. (2018). Bilinguals' social flexibility. Bilingualism: Language and Cognition, 21(5), 957–969.

CHAPTER 3.

우리 아이 영어를 탄탄하게 해줄 기억 지식

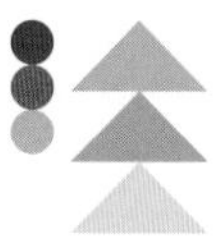

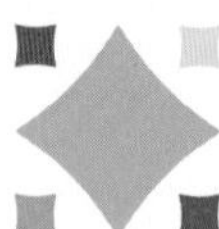

언어 기억을 강화시키는 방법 1

지금까지 영유아기부터 이른 영어 노출이 괜찮은지, 올바른 노출 방법은 무엇인지, 언어 습득에서 중요한 요소는 무엇인지에 대해 살펴보았어요. 이 챕터에서는 기억에 대해 얘기해볼게요. 언어를 배운다는 것은 한마디로 그 언어를 '기억'한다는 것과 동일해요. 우리 뇌에 새로운 언어 정보를 입력하고, 장기기억으로 잘 저장했다가 필요한 상황에서 그 기억을 꺼내 사용하는 거예요. 그렇게 보면 영어 습득은 '기억'을 빼고 논할 수 없어요. 그렇다면 어떻게 해야 우리 아이들의 영어 습득을 도울 수 있을까요?

기억은 크게 세 가지 종류로 나눌 수 있어요. 감각기억(sensory memory), 단기기억(short-term memory/working memory) 그리고 장기기억(long-term memory)이죠. 어떤 것이 기억으로 저장될 때는 감각기억, 단기기억, 장기기억의 순서로 처리돼요. 감각으로 받아들인 많은 정보 중 우리가 주목했던 몇 가지의 정보만 단기기억에 15~30초 정도 저장돼요. 단기기억은 용량이 제한적이기 때문에 이 중에서 몇 가지만 장기기억으로 가게 되죠.

언어는 장기기억과 밀접히 연관되어 있어요. 단 몇 초가 아닌 오랫동안 기억했다가 우리가 원할 때 그 기억을 꺼내는 것이니까요. 한 언어를 잘한다는 것은 언어를 얼마나 잘 기억하고 필요할 때 얼마나 빠르고 정확하게 꺼내쓸 수 있는지와 연관이 있어요.

그럼 아이들의 언어 기억은 어떻게 높일 수 있을까요? 기억으로 만들어질 정보가 입력될 때 어떻게 그 기억이 입력되느냐에 따라 기억의 퀄리티가 달라질 수 있어요. 다른 말로, 강하게 또는 약하게 기억이 형성되는 것이죠. 당연히 강하게 입력된 기억이 더 오래가고 정확하며 더 빠르고 쉽게 불러낼 수 있겠죠?[1] 우리 아이뿐 아니라 엄마 아빠에게도 적용되는 영어 기억을 강화시키는 방법을 소개할게요.

나와 연관이 있는 것(생활과 밀접하게, 직접 개입)

가장 먼저 우리는 자신과 연관이 있다고 느낄 때 더 많은 관심을 갖게 되고 그로 인해 더 강한 기억 형성이 가능해요. 사실 새로 접하는 정보에 의미만 더해줘도 기억이 더욱 강해져요. 예를 들어, 영어 단어 '탄산음료=soda'를 무작정 기억에 입력시키는 방법도 있지만 '탄산음료는 톡 쏘지! 쏘니까 쏘다!' 이런 식으로 의미를 더해서 외우면 기억이 더 강하게 형성됩니다. 여기에서 한 단계 더 나아가는 방법은 자신과 연관시키는 거예요. 내 자신이 개입되어 있다고 느끼는 것과 그렇지 않은 것과는 천지 차이죠. 아이가 자신과 연관이 있다고 직감적으로 느끼게 하기 위해서는 ①아이의 생활과 밀접하게 관련된 주제 ②현재 아이가 관심을 갖고 있는 것 ③이전에 아이가 경험해본 것을 영어로 다뤄주는 것이 효과적이에요. 예를 들어 12개월 미만의 아기의 경우 자주 보는 쪽쪽이나 우유병을 영어로 얘기해준다거나 탈것에 관심 있는 3세 아이의 경우 버스 장난감으로 놀이를, 최근 농장 체험을 다녀온 4세 아이의 경우 농장 책을 활용해주는 거예요.

상호작용

그다음 기억을 강화시켜주는 방법은 상호작용입니다. 최근 재미있는 외국어 학습 연구가 진행되었어요. 외국어를 모국어로 번역해서 단순 암기하는 학습 방법과 영상에서 배우가 외국어로 상호작용하는 것을 보고 뜻을 유추해서 학습하는 방법을 직접 비교했습니다. 그 결과 번역 없이 영상을 보고 뜻을 유추하는 학습 방법을 훨씬 잘 기억했고 배움 효과가 좋았어요.[2] 상호작용의 방법으로 언어를 배웠을 때 그 배운 것을 새로운 상황에서 더욱 빠르고 정확하게 사용할 수 있어요.

사회적 상호작용을 통해 언어를 배울 때는 언어와 관련된 좌뇌뿐만 아니라 감각운동, 다중모드 연합 영역, 마음 이론 같은 영역에서도 활성화가 일어나는데, 이건 주로 비구어적 표현(표정, 톤)과 이미지, 지각-행동 처리(숟가락을 들면서 spoon 단어를 듣는 것)와 관련된 우뇌에서 처리하죠. 더 재미있는 것은 이 우뇌가 얼마나 개입되었는지에 따라 더 성공적이고 오래 기억하는 언어로 남았다고 해요.[3] 결론적으로 상호작용을 통해 배운 언어를 더 잘 기억할 수 있는 것이죠.

맥락(상황)과 다양한 감각 사용

그다음은 맥락과 다양한 감각 사용입니다. 두 가지는 다른 개념이지만 서로 밀접하게 연결되어 있어서 함께 묶었어요. 하나씩 설명하면, 먼저 기억은 굉장히 맥락에 의존적이에요. 신기하게도 주차장에서 입력된 기억은 주차장에 갔을 때 더 잘 떠오르고 주방에서 입력된 기억은 주방에서 더 잘 떠올라요.[4] 언어도 마찬가지로 영어로 생성된 기억은 영어로 더 잘 불러오고, 한국어로 생성된 기억은 한국어로 더 잘 불러오게 되죠.[5] 당연히 한국어를 쓰는 우리나라에서는 한국어 기억이 압도적으로 많을 수밖에 없지만, 최대한 다양한 상황에서의 영어 기억을 많이 쌓아주면 영어 소통에 분명 도움이 되겠죠.

그다음 기억을 강하게 입력시키는 데 도움을 주는 것이 바로 다양한 감각 사용입니다. 다중모드/다중감각 학습(multimodal/multisensory learning)이라는 개념이 있는데 이에 따르면 다양한 감각을 활용할 때 더 효과적으로 배울 수 있어요. 듣기만 하는 것보다는 듣고 보는 것이 낫고, 그것보다는 듣고 보고 만지는 것이 더 잘 기억할 수 있다는 것이죠.

이 두 가지 개념을 바탕으로 보면, 짧은 영어 표현이라도 일상생활에서의 영어 사용이나 영어 놀이는 큰 의미가 있어요. 관련 장소에서 행동을 하거나 관련 물건을 직접 만지고 감정을 느끼며 언어를 접하는 경험은 그림으로만 배우는 것과 비교할 수 없이 풍부한 기억 형성이 가능하죠.

회화의 경우 처음에는 매일 반복되는 하루 루틴 영어로 시작해서 바닷가에 놀러갔을 때, 하이킹 할 때, 호텔에 묵을 때 등 점차 특별한 상황에서의 영어로 확장하는 걸 추천해요. 굳이 대화가 아니라 관련 단어라도 좋으니 상황을 잘 활용해주세요. 양치하며 엄마가 해준 영어 표현은 다른 날 양치 시간에 또 기억이 나고, 식사 시간에 엄마가 알려준 영어 단어는 그다음 날 식사 시간에 잘 기억날 거예요.

놀이의 경우 가상의 상황을 부여해서 놀이를 하면 생활에서의 영어 사용과 동일한 효과를 낼 수 있어요. 쉽게 말해서 역할놀이죠. 매일 소파에서 뛰어내리는 아이의 행동에 "It's full of water! Get ready to swim across!(물로 가득찼네! 헤엄쳐 건너갈 준비하렴!)" 하며 물이 가득 차서 헤엄쳐 건너야 하는 상황을 부여하거나 자동차 장난감이 어디에 갇힌 상황을 연출해주면 더 풍부한 기억으로 남을 수 있어요.

언어 기억을 강화시키는 방법 2

기억을 강하게 입력시켜줄 방법은 바로 주제 중심 교육입니다. 앞서 설명한 공놀이 기억하시나요? 공놀이를 잘하기 위해서는 여러 번 반복해야 하고 다양한 환경에서 확장된 경험을 통해 공놀이를 마스터하도록 도와줘야 해요. 이 반복과 확장은 모두 주제 중심 교육 하나로 가능해요.

주제 중심 교육(연결을 통한 반복과 확장)

주제 중심 교육이란 하나의 주제를 다양한 방법으로 배우는 것인데 한마디로 공놀이에서 언급한 '연결을 통한 반복과 확장'이에요. 가령 봄이라는 동일한 주제를 언어, 수학, 체육, 미술 등 다양한 영역에서 다루며 연결성을 만들어요. 이 과정에서 자연스럽게 이전에 배웠던 것을 반복하고 새로운 지식으로 확장하면서 해당 주제에 대해 깊고 효율적으로 배울 수 있어요.

이런 장점으로 인해 주제 중심 교육은 많은 교육기관에서 사용되고 있고 집에서도 충분히 가능해요. '비'라는 주제를 정해서 비에 관한 노래를 부르고, 그림책을 읽고, 소파에서 뛰어내리며 비를 표현해보고, 색연필로 비를 그려보고, 긴 과자로 비를 만들어보고, 직접 비를 맞아보는 등 하나의 주제로 다양한 활동을 하는 거예요. 이렇게 하나의 주제에서 여러 가지 연결성이 만들어지고 지식이 통합되면 의미 있는 기억이 돼요. 여기에 반복까지 더해지면 더 오랫동안 기억할 수 있는 것이죠.[6]

짧게 여러 번, 나눠서 반복

그렇지만 반복에도 효과적인 반복이 있어요. 처음 로메이징 커리큘럼 스터디를 진행할 때부터 한번에 영어 활동을 몰아서 하기보다는 매일 1~2개씩 나눠서 주기적으로 반복하는 것을 추천했습니다. 그 이유는 아이들이 짧게 나눠서 시간을 두고 반복할 때 더 잘 기억하기 때문이죠.[7, 8, 9] 전문 용어로는 간격 효과(spacing effect)라고 해요. 아이들이 노래, 책, 영상, 놀이 등 배운 걸 더 잘 기억하도록 도와주려면 조금씩 나눠서 시간 간격을 두고 반복해주면 좋아요.

1. Craik, F. I. M., & Lockhart, R. S. (1972). Levels of processing: A framework for memory research. Journal of Verbal Learning and Verbal Behavior, 11(6), 671-684.
2. Jeong, H., Li, P., Suzuki, W., Sugiura, M., & Kawashima, R. (2021). Neural mechanisms of language learning from social contexts. Brain and Language, 212, 104874.
3. Li, P., & Jeong, H. (2020). The social brain of language: grounding second language learning in social interaction. npj Science of Learning, 5, 8.
4. Marian, V., & Kaushanskaya, M. (2011). Language-dependent memory: Insights from bilingualism. In P. Li & S. W. S. Li (Eds.), Relations between Language and Memory (pp. 1-22).
5. Marian, V., & Kaushanskaya, M. (2007). Language context guides memory content. Psychonomic Bulletin & Review, 14(5), 925-933.
6. Sousa, D. (1995). How the brain learns. Reston, VA: National Association of Secondary School Principals.
7. Vlach, H. A., & Sandhofer, C. M. (2012). Distributing learning over time: The spacing effect in children's acquisition and generalization of science concepts. Child Development, 83(4), 1137- 1144.
8. Carpenter, S. K., Cepeda, N. J., Rohrer, D., Kang, S. H. K., & Pashler, H. (2012). Using spacing to enhance

diverse forms of learning: Review of recent research and implications for instruction. Educational Psychology Review, 24(3), 369-378.

9. Yuan, X. (2022). Evidence of the spacing effect and influences on perceptions of learning and science curricula. Cureus, 14(1), e21201.

언어 기억을 강화하는 반복 학습

반복 학습의 효과가 없는 경우

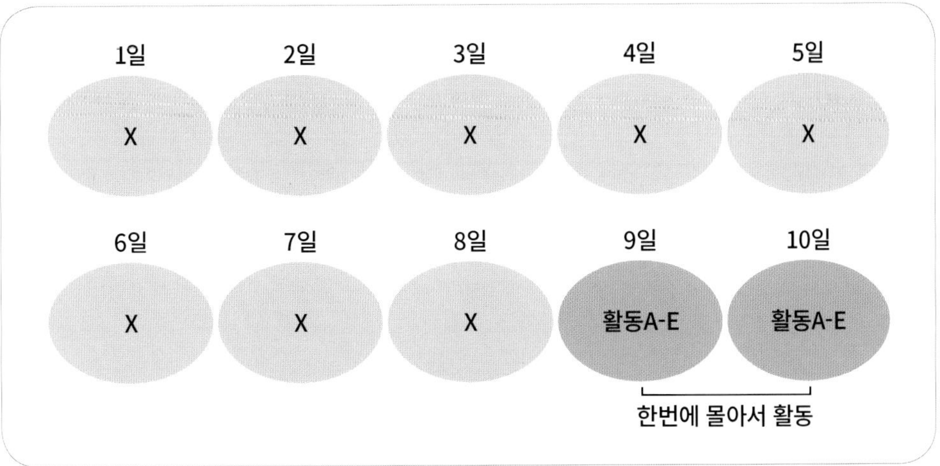

CHAPTER 4.

우리 아이 영어를 탄탄하게 해줄 엄마표 영어 지식

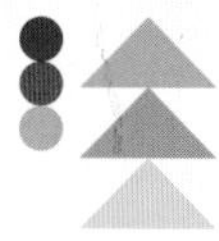

영어 노출 환경의 종류와 비중

지금까지 이론적인 내용을 살펴보았습니다. 이제부터는 조금씩 실천적인 부분으로 넘어가 볼게요. 그 시작은 바로 엄마표 영어에 대한 이야기로 열어볼까 합니다. 가정 내 영어 노출 환경은 일반적으로 세 가지 종류로 나뉩니다.

가정 내 영어 환경 노출

① 한 부모, 한 언어(One Parent One Language; OPOL): 한 부모가 한 언어를 도맡아서 노출하는 방법

② 집에서 소수 언어(Minority Language At Home; MLAH): 집에서는 소수 언어를 사용하고 바깥에서는 그 나라 공용어를 사용하는 방법

③ 시간과 장소(Time and Place; T&P): 시간이나 장소를 정해 특정 언어를 사용하는 방법

서로의 언어를 못하는 국제 결혼 가정의 경우 '한 부모, 한 언어'가 잘 맞을 것이고, 한 부모가 영어가 자유롭다면 '집에서 소수 언어'가 맞을 수 있어요. 두 부모 모두 영어가 어려운 경우 '시간과 장소'가 가장 효율적이기에 우리나라에서 가장 많이 보이는 형

태가 바로 이것이죠. 이렇게 종류가 나눠져 있어도 사실 많은 가정에서는 여러 가지 종류가 섞여서 나타나는 것이 일반적이며 가정마다 조금씩 다른 형태로 나타나요.

이런 영어 환경 종류만큼 궁금해하는 것이 바로 비중입니다. 사용 환경이나 언어 비중은 다음의 요소에 따라 계속 변해요. 굉장히 유동적이죠.

언어 비중 결정 요소

① 양육 환경: 누가 주 양육자인지, 각 양육자가 아이와 얼마나 시간을 보내는지

② 부모: 부모의 기본적인 말수, 성향, 타깃 언어 능력 등

③ 아이의 기관 여부: 기관을 다니는지 안 다니는지, 기관에서 영어 노출이 얼마나 되는지

④ 주변 환경: 살고 있는 곳의 대중 언어는 무엇인지

⑤ 부모 외 다른 사람으로부터의 언어 노출은 얼마나 되는지

저희 집을 예로 들면, 저는 한국어와 영어 모두 자유롭게 구사할 수 있고 남편은 영어 책이나 노래는 가능하지만 영어 회화는 어려워해요. 첫째가 태어나고 저는 소수 언어의 비중을 높게 두고 두 언어를 노출하겠다고 마음먹었습니다. 대중 언어인 한국어는 제가 아니라도 조부모님이나 다른 사람을 통해서 충분히 채울 수 있는 상황이었고 한국에서 생활하면 한국어 노출이 충분할 거라 생각했거든요.

12개월 정도까지는 저와 보내는 시간이 압도적이다 보니 영어와 한국어 노출 비중이 8:2 정도 되었고 저는 '한 부모, 한 언어'와 '집에서 소수 언어' 방법을 섞어서 사용했어요. 예상처럼 한국에서의 공용어는 한국어이기 때문에 아무리 제가 영어만 사용해도 아빠, 조부모, 다른 사람들을 만나며 기본 한국어 비중이 20% 정도 되었어요. 그러다가 13개월쯤부터 놀이터에 나가 언니, 오빠를 관찰하고 같이 놀기 시작했는데, 클수록 노는 시간이 많아지고 문화센터에 다니다 보니 영어 비중이 5:5까지 내려갔고 '한 부모,

한 언어' 방법을 지속할 수가 없었어요. 어린이집을 가면서 비중은 3:7로 한국어가 더 많아지기 시작했죠. 이렇듯 언어 비중이나 사용 환경은 계속 바뀌게 돼요.

이때부터 제가 택한 방법은 '시간과 장소'입니다. 더욱 의미 있는 노출 양을 위해 일상 영어 대화에 더해 일부러 영어 놀이 시간을 늘렸어요. 로메이징 커리큘럼도 이로 인해 탄생한 것이고요. 우리나라에서 영어가 자유롭지 않은 부모가 영어 노출을 하기에는 '시간과 장소' 방법이 가장 잘 맞는다고 생각해요.

또한 이 방법은 꽤나 효율적입니다. 한 연구팀에서 스페인 아이들을 두 그룹으로 나눠 매일 45분씩 18주간, 36주간 영어로 소통하고 놀이를 해줬는데 매일 45분의 영어 노출만으로 영어 실력이 크게 성장한 것을 확인할 수 있었어요.[1] 뿐만 아니라 상황별로 언어를 습득하는 언어의 본질과도[2] 잘 맞는 방법이라고 생각해요.

가정에 맞는 영어 사용 환경과 비중은 부모님이 가장 잘 알 테니 앞서 언급한 요소를 고려해 균형 잡힌 두 언어 노출을 위해 주기적으로 우리 집의 영어 환경과 비중을 점검하는 게 가장 좋습니다. 하지만 영어가 자유롭지 않거나 워킹맘이라면 '시간과 장소' 방법을 적극 추천해요. 이 책에서도 많은 가정에 적합한 '시간과 장소' 방법을 기반으로 실천편을 엮었습니다.

이상적인 엄마표 영어의 정의

'엄마표 영어'라는 용어는 굉장히 광범위하게 사용돼요. 우리가 얘기하고 있는 0~7세 시기 가정 내 영어 노출도 엄마표 영어라고 하지만 초등학생의 읽기나 쓰기 학습을 가정에서 지도할 때도 엄마표 영어라고 해요. 또한 양육자의 성향과 능력이 다르기 때문에 엄마표 영어의 목표과 지향점이 모두 다를 수밖에 없어요. 누군가에게 '엄마표'는 원어민만큼의 효과를 낼 수 있는 방법이고, 누군가에게는 영어를 소통의 도구로 인식시키는 방법이에요. 그렇다면 우리에게 가장 이상적인 엄마표 영어란 무엇일까요?

현재 우리가 얘기하고 있는 소통 중심 영어를 생각했을 때, 한국의 일반적인 부모는 유창한 영어 실력을 갖고 있지 않기 때문에 이 시기에는 먼저 영어를 소통의 도구로 인식하는 것에 초점을 맞추는 것이 바람직합니다. 발화는 즐겁게 소통하는 과정에서 자연스럽게 오는 선물이라고 생각하는 거죠. 시대의 변화 속에서 영어는 아이들이 반드시 접하게 되는 언어예요. 이상적인 엄마표 영어는 아이에게 '영어와의 친숙함'이라는 선물을 주는 과정이죠.

미디어와 기술이 발달하여 많은 영역에서 더 편리한 삶을 제공해준 건 사실이지만 그에 따른 부작용도 많이 보이고 있어요. 특히 영유아 언어 교육에서 미디어는 일방적인 형태로 제공되다 보니 소통의 기반이 되는 인간적인 쌍방 상호작용을 경험할 기회가 줄어들고 그로 인해 아이들에게 정서 및 사회성 문제가 생기는 걸 주변에서 많이 접하게 됩니다. 물론 효과를 볼 수 있는 교육적인 도구임에도 영상, 책 등을 일방적인 방법으로 사용하는 걸 볼 때면 안타까울 때가 많아요. 제가 강조하는 소통 중심 엄마표 영어가 이 부분을 해결할 수 있어요. 무작정 영어로 대화를 하라는 말이 아니에요. 기존에 우리가 사용하던 책, 영상 같은 리소스들을 도구로 해서 상호작용할 수 있는 놀이 방법을 사용하는 것이죠. 다음 장에서 그 방법들을 자세히 일러드릴게요.

정리하면, 이 시기 이상적인 엄마표 영어는 엄마가 선생님의 역할로 무언가를 가르치려고 애쓰는 것이 아닌, 영어를 친숙한 소통 도구로 인식시키기 위해서, 영어를 쉽게 받아들이도록 돕는 사전 작업이라고 생각하면 좋겠어요. 이렇게 엄마표 영어는 여러 측면에서 충분한 가치가 있어요. 다만, 엄마표 영어를 하기로 마음먹었다면 그 이후부터는 엄마표 영어를 어떻게 할지, 나의 방향과 목표는 무엇인지, 내가 할 수 있는 부분은 어디까지인지 충분히 고민하고 체크하며 유연하게 진행하는 걸 추천해요. 다음 장에서는 우리 가정에 맞게 뽑아 사용할 수 있는 다양한 영어 도구들을 소개해볼게요.

다양한 도구를 연계해 아이의 발화를 돕는 법

이번에는 영유아 영어교육에 사용할 수 있는 도구(방법)와 그 특징을 알아볼게요. 결론부터 말하면 최대한 모든 도구를 하나의 주제로 연계해 활용하는 게 가장 효과적이에요. 노래, 그림책, 놀이, 회화 등 다양한 영어 도구가 있지만 모든 도구는 완벽하지 않고 장단점이 있기 마련이죠.

여러 가지 방법을 연계하면 한 도구의 단점을 다른 도구가 보완해줄 수 있어요. 예를 들어, 노래에 나오는 표현은 음율을 맞춰야 하기 때문에 시적이거나 문법적으로 맞지 않을 때가 있고 표현이 제한적일 수 있어요. 그런 부분을 그림책의 풍부한 단어, 탄탄한 문장이 보완해줄 수 있죠. 또 그림책은 표현이 풍부한 반면 이차원이기 때문에 어린아이일수록 입체화시키고 실제화시키기가 어려워요. 그런 단점은 놀이가 보완해줄 수 있죠.

다양한 방법을 연계하면 좋은 두 번째 이유는 여러 가지 맥락에서 영어를 반복적으로 들려줄 수 있기 때문이에요. 공놀이 비유의 단계 중 '반복'과 '확장'의 맥락이죠. 아이들이 'I love you'라는 문장을 이해하고, 익숙해지고, 사용하기 위해서는 반복이 필요하고 여러 가지 상황에서 사용해보는 것이 도움을 줄 수 있어요. 엄마가 아이를 안아주며 "I love you", 할머니가 영상통화로 "I love you", 아이가 애착인형을 안고 있을 때 엄마가 "I love you"라고 말해주는 것처럼요. 이 표현을 이해하고, 익숙해지고, 나중에 아이가 직접 사용하기까지는 다양한 환경에서의 "I love you" 노출이 효과적이에요. 하지만 대부분 한국어를 사용하는 한국에서 다양한 영어 맥락을 자연스럽게 마주하는 것은 너무 어렵고 오래 걸리기 때문에 곧 설명드릴 영어 도구들로 맥락을 만들어주세요.

요즘 "많은 인풋을 넣어주면 아웃풋은 저절로 나온다"라는 말이 공식처럼 들리고 있어요. 하지만 이 말이 항상 적용되는 것은 아니에요. 듣고 이해하기는 가능하지만 말하기는 하지 못하는 수동적 이중언어자를 보면 알 수 있죠. 인풋이 넘쳐야 아웃풋이 나오는 건 맞는 말이지만 기회와 장을 마련해주지 않으면 말하기가 어려워질 수 있어요.

그렇기 때문에 저는 영어 도구를 소개하면서 '어떻게 하면 이 도구를 통해 아이들의 반응과 발화까지 이끌어낼 수 있을지'에 초점을 맞추어볼게요. Let's go!

노래

노래는 정말 마법 같은 도구죠. 아이들이 좋아하고 재미있어하니 좋은 것도 있지만 과학적으로도 노래로 언어를 배울 때 더 잘 기억하고 효과적이라는 연구들이 많아요.[2, 3, 4] 그래서 아이들에게 처음 영어를 노출시키거나 새로운 내용을 제시할 때 노래로 시작하는 게 가장 좋아요.

노래에도 다양한 종류가 있어요. ①단어가 반복되는 노래, ②하나의 문장 패턴이 반복되는 노래, ③스토리 라인이 있는 노래 이렇게 세 가지로 나눠볼게요. 난이도로 순서를 따지면 단어-문장-스토리 노래가 될 테지만 난이도보다는 활용 목적에 맞게 원하는 것을 사용해주는 게 좋아요. 단어를 강화하기 위한 목적이라면 단어 노래, 문장 패턴을 배우기 위한 목적이라면 문장 노래, 스토리를 쉽게 배우고 싶다면 스토리 노래를 사용할 수 있어요.

어떤 노래를 활용하는지보다 더 중요한 건 어떻게 불러주는지예요.

노래 재미있게 부르기 다섯 가지 스킬: ①느리게/빠르게 ②낮게/높게 ③작게/크게 ④'얼음' 했다가 '땡!' ⑤지퍼

이 방법으로 노래를 불러주면 아이들이 더 집중하고 흥미를 느껴 더 큰 효과를 볼 수 있어요.

그림책

그림책은 부모님들이 가장 많이 사용하는 방법이죠. 책은 아이들의 언어나 인지능력뿐만 아니라 정서적·사회적 발달에도 긍정적인 영향을 미쳐요. 부모의 목소리를 통해 심리적으로 안정을 얻고, 유대감을 쌓을 수 있으며 책을 읽을 때 부모가 다양한 표정과 소리를 내기 때문에 아기의 사회적·감정적 발달에도 도움이 돼요.

또한 그림책 읽기는 기억력을 높이고, 평소에 잘 사용하지 않는 단어를 배울 수 있고, 읽어주는 사람도 평소보다 수준 높은 단어나 표현을 사용하기 때문에 수용 언어와 표현 언어 모두에 긍정적인 영향을 미치고, 읽기, 독해 실력에도 도움이 돼요.

그림책도 마찬가지로 아이의 이해 레벨보다 살짝 높은 책을 고르는 것이 중요하지만 무엇보다 중요한 것은 부모가 어떻게 읽어주는지예요. 책에 쓰인 글만 읽어주는 것보다 아이의 반응을 유도해 아이가 화자가 되도록 하는 대화식 읽기를 소개할게요. 이 읽기 방법은 이미 언어 이해 능력과 말하기 능력, 어휘력, 이야기 파악은 물론이고 글자 인식과 같은 문해 기술에도 도움이 되었다고 입증되었어요.[6, 7, 8]

대화식 읽기는 유도-반응(칭찬/대안)-확장-반복의 순서로 진행해요. 아이가 책에 대해 얘기하도록 유도하고, 아이 응답에 칭찬이나 부드러운 대안을 제시하고, 아이의 반응을 토대로 지식이나 언어를 확장해주고, 그 확장된 지식을 따라 하도록 해주세요. 이렇게 말하니까 너무 어렵죠? 대화식 읽기 방법으로 한국어 책을 읽는 영상을 참고해주세요.

부모가 아이의 반응을 유도한 후 그 반응을 토대로 이후 순서가 진행되기 때문에 대화식 읽기에서는 가장 처음 단계인 '아이들의 반응 유도'가 굉장히 중요해요. 반응을 유도하는 방법으로는 다음과 같은 것들이 있어요. 영어 책을 읽으며 아래 방법으로 반응 유도하는 영상은 다음 QR코드를 참고해주세요.

빈 칸 채우기: 표현이 반복되거나 라임이 있는 책을 읽을 때 특히 효과적이에요. 반복 문장을 두세 번 읽어주고 중요 단어가 들어갈 부분에서 말을 흐려 아이가 빈칸을 채우도록 하기 때문에 문장구조를 익히는 데 도움을 줘요.

열린 질문: 그림책의 그림이나 내용에 대해 아이가 자유롭게 말하도록 하는 것이죠. "무엇이 보이니(What do you see)?" "저 아이가 왜 화난 것 같아(Why do you think he's angry)?"처럼 답이 정해지지 않은 질문을 하기 때문에 아이들의 표현력과 유창성에 많은 도움이 돼요.

WH 질문: 육하원칙 중 WH로 시작되는 What, Who, Where, When, Why를 활용해 책에서 나온 내용에 대한 질문을 해요. 이런 질문은 아이의 어휘력을 키워주기 좋아요. "이게 뭐지(What is this)?" "이 사람이 누구지(Who is this person)?" "엄마가 어디에 있지(Where is Mommy)?" "우체부 아저씨가 매일 언제 오지(When does the mail carrier visit everyday)?" "왜 이 아이는 울고 있지(Why is she crying)?" 같은 질문이죠. 이 질문 중에서도 What, Who, Where 질문이 쉬우니 이 세 가지로 시작해서 점차적으로 When, Why 질문으로 넘어가기를 추천해요.

기억 질문: 기억 질문은 아이가 이미 여러 번 읽어서 내용을 알고 있을 때 사용되

며, 사건을 이해하고 일의 순서를 서술하는 데 도움을 주는 방법이죠. 아무래도 이전의 기억을 불러내야 하기 때문에 다른 것보다 조금 더 어려울 수 있어요. "이 친구 이름 기억나니(Do you remember her name)?" "이 아이가 집에 뭐 갖고 왔는지 기억나니(Do you remember what she brought home)?"

연결 질문: 연결 질문은 아이가 책 밖에서 경험한 것을 책과 연관 지어서 질문하거나 얘기하는 방법으로 아이가 책과 현실 세계를 연결하도록 도와줘요. "딸기를 먹고 있네. 우리도 집에 딸기 있잖아(They are having strawberries. We have strawberries at home, too)!" "얘가 동생이래. 로아 동생은 어디에 있지(She is her little sister. Where is your brother)?" "이 친구는 우유 마시는 걸 좋아해. 엄마는 고구마 맛 우유 본 적 있어(She loves drinking milk. I've seen sweet potato milk before)."

시각 자료(플래시카드, 포스터, 영상)

시각 자료도 영유아 영어 도구에서 빼놓을 수 없죠. 플래시카드, 포스터 같은 그림 자료나 영상은 아주 효율적인 도구예요. 직접 보여주고 체험하는 것이 가장 좋은 방법이지만 모든 것을 다 할 수는 없으니 이런 시각 자료를 이용하는 것이죠.

하지만 시각 자료만 보여주는 것보다 실제 물건이나 장난감, 행동을 함께 보여주거나 이전에 경험했던 기억을 언급해주는 것이 더욱 효과적이에요. 포스터에 있는 물고기 그림만 가리키며 "Fish"라고 하는 것보다 실제 물고기나 물고기 인형을 보여주거나 "우리 어제 병원 가서 fish 봤잖아!" 하며 기억을 상기시켜주는 것이죠.

그래서 저는 동물원이나 수족관에 갈 때 집에서 아이들에게 보여줬던 플래시카드를 가지고 가서 매칭을 해줬어요. 사진을 찍어와서 집에서도 그 기억을 상기시켜주며 플래시카드를 매칭했어요. 시각 자료를 경험한 아이들은 영어 단어는 물론이고 크기, 색깔,

그때의 감정 등을 더 풍부하고 명확하게 기억해 더욱 적극적으로 엄마와의 대화에 참여하는 걸 볼 수 있을 거예요.

놀이

놀이는 아이들의 발달을 고려해야 하는, 가장 세심한 터치가 필요한 도구임과 동시에 아이들에게 가장 반응이 좋은 도구예요. 놀이에는 크게 세 종류가 있어요. 아이 주도 놀이, 어른 주도 놀이, 가이드가 있는 놀이(guided play)죠.

아이 주도 놀이: 아이가 무엇을 가지고 놀지, 어떻게 놀지, 언제 어디서 놀지를 모두 자신이 알아서 정해요.

어른 주도 놀이: 모든 것을 어른이 정해요. 엄마가 "우리 베개 징검다리 놀이하자! 베개 밟고 저기까지 가는 거야!" 하며 틀과 규칙 등을 제시하죠.

가이드가 있는 놀이: 아이 주도와 어른 주도를 섞은 방법으로 아이에게 주도권이 있으면서 동시에 부모의 가이드가 있어요. 최근 외국에서는 아이 주도와 어른 주도가 균형 잡힌 가이드가 있는 놀이를 선호해요.

최근 우리나라에서는 아이 주도 놀이가 강조되며 상대적으로 어른 주도 놀이는 찬밥 신세인 것이 조금 안타까워요. 아이 주도 놀이가 좋은 건 맞지만, 아이의 발달과 지식 전달을 위해서는 뚜렷한 교육 목표를 가지고 놀이를 계획하는 어른 주도 또한 필요해요.

심리학자 레프 비고츠키(Lev Vygotsky)의 근접발달영역 이론에 따르면 아동의 인지능력을 향상시키기 위해서는 인지능력이 더 높은 부모나 교사의 가르침이 필요하다고 해요. 인간은 누구나 그렇듯 자신이 알고 있는 것만 버무려서 새로운 것을 만들어내기 때문에 자신의 지식 안에서만 노는 자유놀이의 단점을 보완해줄 어른도 필요한 것이죠.

어른의 도움으로 아이들은 새로운 지식을 배우고 인지 능력을 향상시킬 수 있어요. 궁극적으로 그렇게 배운 것을 조합해서 더 다양한 것을 만들어내게 되니 창의력에도 영향을 준다고 할 수 있어요. 하지만 아이의 마음은 무시한 채 어른이 계획한 대로만 이끌고 가려는 건 당연히 문제가 되겠죠.

결론적으로 아이 주도와 어른 주도가 균형을 맞추는 것이 가장 좋으므로 그 두 가지를 적절히 섞은 '가이드 있는 놀이'가 좋은 대안이 될 수 있어요. 그 경우 아이 주도와 어른 주도를 왔다 갔다 하거나 큰 틀은 어른이 계획하고 그 안에서 아이가 원하는 대로 하는 믹스된 형태로 보일 수 있죠.

놀이 종류에 따라서 아이 주도와 어른 주도의 비중이 다른데 아이 주도 비중을 늘리고 싶다면 역할놀이, 블록놀이, 자동차 놀이같이 틀이 느슨한 놀이를 해주면 돼요. 또한 엄마와 아이의 영어 실력도 고려해야 하는데 영어 초보일수록 틀이 잡힌 영어 놀이가 더 유용해요.

가장 중요한 것은 아이들의 반응을 잘 받아주는 거예요. 아이들이 마음대로 행동하거나 생각하지 못한 상황을 맞닥뜨렸을 때, 규칙에 너무 얽매이지 말고 아이에게 맞춰줬다가 다시 놀이로 돌아오고, 한국어를 사용했다가 영어를 사용하고. 이렇게 왔다 갔다 부모와 아이가 부담 없이 즐겨주세요.

회화

상황이 주는 힘은 굉장히 크기 때문에, 또 소통은 아이들에게 아주 큰 동기가 되기 때문에 일상 영어 회화는 참 좋은 도구예요. 회화는 최대한 빨리, 적어도 18~24개월 전에 시작해주면 좋아요. 아이들마다 시기는 조금씩 다르지만 이때는 한국어와 영어의 수준 차이가 상대적으로 크지 않고, 하나의 대상은 하나의 이름만 가진다고 생각하는 상호배타성이 강하게 나타나는 시기가 아니기 때문에 일상회화를 시작하기 좋은 때죠. 매일 '사과'라고 부르던 과일을 갑자기 'apple'이라고 부르면 살짝 동공이 커지며 놀랄 수는 있지만, 적어도 "이거 apple 아니야!"라고 거부하지는 않으니까요.

아이와 일상회화를 할 때는 '이해 가능한 인풋'이 중요하게 작용해요. 아이가 알아들을 수 있는 정도의 표현과 표정, 제스처, 포인팅 등으로 최대한 소통할 수 있게 해주는 것이 중요하죠. 아이들이 이해하지 못하면 엄마와 영어로 소통하는 것에 흥미를 느끼기 어렵고 결국 회화를 지속하는 것이 어려워질 수 있어요. 갑자기 모든 것을 영어로 하는 것은 어색하고 어렵게 느낄 수 있어요. 그러니 각 상황을 하나의 블록으로 보고 영어 블록을 하나씩 쌓아간다고 생각하면 더욱 쉽게 회화의 세계에 진입할 수 있어요. 가장 먼저 아이들이 반복적으로 상황을 마주할 수 있는 생활 루틴에서의 회화로 기초를 튼튼하게 쌓아준 후 새로운 상황을 차곡차곡 얹어주면 돼요.

영어가 어려운 부모는 물론이고 회사에서 영어를 계속 써왔거나 영어가 자유로운 부모도 육아 회화는 또 다르게 느낄 수 있어요. 심지어 원어민이라도 육아 초보라면 아이를 대하는 것 자체가 어색해서 어떤 말을 해야 할지 모를 수 있어요. 우리가 한국어로 아이에게 어떤 말을 어떻게 해야 할지 배우는 것처럼요. 부모가 회화를 위해 노력하고자 한다면 회화 실력은 충분히 높일 수 있어요. 이 세 가지를 기억하고 사용해보세요.

자주 사용할 만한 상황별 표현 고르기: 아주 초보라면 생활 루틴으로 시작하게 될 텐데 이때는 표현이 잘 정리된 믿을 수 있는 책이나 자료, 회화 앱이나 영상이 가장 좋아요. 생활 루틴은 〈카이유〉, 〈대니엘 타이거〉, 〈페파피그〉처럼 아이들의 일상생활을 다룬 애니메이션이나 〈스너글링〉 앱 같은 부모-아이 생활 밀착형 소재로 만들어진 콘텐츠로 배우는 것을 추천해요. 이 시기 아이들이 겪을 만한 에피소드를 상황별로 묶었기 때문에 상황별 언어를 습득하기에 유용해요.

상상력을 활용하기: 앞서 말했듯 기억은 입력한 곳에서 더 잘 떠오르죠. 그래서 우리의 상상력을 활용해 그 상황에 있다고 상상하고 표현을 따라 해보세요. 그 상황을 정말 맞닥뜨렸을 때 말이 더 잘 나올 거예요. 상상력은 내가 진짜 그곳에 있다고 착각하게 하니까요.

연기하기: 상상력과 함께하면 더욱 강력한 방법이 바로 연기예요. 상호작용의 상황에서 여러 감각을 사용하면 기억이 더 강하게 형성된다는 말 기억나시나요? 그와 같은 맥락이죠. 표현을 말하며 몸짓과 표정, 톤을 살려 표현하면 더욱 잘 기억할 수 있어요. 내가 그 상황에 있다고 상상하며 혼자서 연기를 해보세요. 아이와 대화할 때 더 자연스럽게 말이 나올 거예요.

1. Ramírez, N. F., & Kuhl, P. K. (2020). Early Second Language Learning through SparkLing™: Scaling up a Language Intervention in Infant Education Centers. Mind, Brain, and Education, 14(2), 94-103. https://doi.org/10.1111/mbe.12232
2. Ludke, K. M ., Ferreira, F., & Overy, K. (2014). Singing can facilitate foreign language learning. Memory & Cognition, 42(1), 41-52. https://doi.org/10.3758/s13421-013-0342-5
3. Good, A. J., Russo, F. A., & Sullivan, J. (2015). The efficacy of singing in foreign-language learning. Psychology of Music, 43(5), 627-640. https://doi.org/10.1177/0305735614528833
4. Thaut, M. H., Peterson, D. A., McIntosh, G. C., & Hoemberg, V. (2014). Music mnemonics aid verbal memory and induce learning-related brain plasticity in multiple sclerosis. Frontiers in Human Neuroscience, 8, 395. https://doi.org/10.3389/fnhum.2014.00395
5. Bus, A. G., van IJzendoorn, M. H., & Pellegrini, A. D. (1995). Joint book reading makes for success in learning to read: A meta-analysis on intergenerational transmission of literacy. Review of Educational Research, 65(1), 1-21. https://doi.org/10.2307/1170476
6. Brannon, D., & Dauksas, L. (2014). The effectiveness of dialogic reading in increasing English language learning preschool children's expressive language. Early Childhood Education, 5, 1-10.

7. Hargrave, A. C., & Sénéchal, M. (2000). A book reading intervention with preschool children who have limited vocabularies: The benefits of regular reading and dialogic reading. Early Childhood Research Quarterly, 15(1), 75-90.

8. Zevenbergen, A. A., & W hitehurst, G. J. (2003). Dialogic reading: A shared picture book reading intervention for preschoolers. In A. Van Kleeck, S. A. Stahl, & E. B. Bauer (Eds.), On reading books to children: Parents and teachers (pp. 177-200). Mahwah, NJ: Lawrence Erlbaum.

엄마표 영어에 대한 오해와 진실

엄마표 영어란 한마디로 '우리 집에 맞게 영어 환경을 디자인하는 것'이라고 할 수 있어요. 몇 가지 오해를 체크해볼까요?

집집마다 다른 엄마표 영어

파닉스나 읽기 규칙처럼 정확한 방법이 있는 영역은 여러 연구를 토대로 '맞는' 방법이 있을 수 있어요. 당연히 듣기와 말하기에도 아이들이 언어를 습득하는 방법 같은 명확한 영역이 있죠. 이런 부분은 명확한 근거로 밝혀진 알맞은 방법을 따라가야 해요. 하지만 이 시기 가정 내 영어 노출 환경에 대해 얘기할 때는 조금 이야기가 달라져요. 노출은 한 가지 방법만 있는 것이 아니라 여러 가지 방법이 있고 가정 환경, 부모, 아이 등에 따라 최적의 노출 방법이나 비중이 달라지기 때문이죠.

누군가의 영어 노출 방법이 좋아 보이거나 효과적이었다고 무작정 따라 하는 것은 바람직하지 않아요. 다음 기준을 체크해서 우리 집과 가장 잘 맞는 방법을 알맞게 섞어준다면 우리 집만의 엄마표 영어가 탄생할 거예요.

① 워킹맘인지 아닌지

② 부모가 책을 좋아하는지 몸을 움직이는 걸 좋아하는지

③ 부모의 영어 실력이 어느 정도인지

④ 아이의 연령과 발달은 어떤지

⑤ 아이가 배우는 스타일이 어떤지

⑥ 아이의 기질이 어떤지(금방 싫증을 내는지, 고집이 센지, 주도적인 성격인지, 새로운 것을 좋아하는지 등)

⑦ 아이가 기관에 다니는지 안 다니는지

엄마가 손으로 사부작사부작 만드는 걸 좋아한다면 직접 만든 교구로 아이와 영어 놀이를 하면 무척 재미있을 것이고, 한시도 엉덩이를 붙이지 않는 아이라면 책보다는 몸으로 하는 놀이로 생활 대화를 해주는 것이 더 효과적일 수 있어요. 물론 방법이나 비중은 아이가 자라면서 계속 바뀔 수밖에 없어요. 수시로 우리 집 영어 환경을 체크하며 '지속 가능한 방법과 비중'으로 바꿔주세요.

엄마표 영어와 사교육

가끔 엄마표 영어와 사교육을 반대의 개념으로 생각하는 분들이 있어요. 엄마표 영어와 사교육은 극과 극의 개념이 아니라 필요에 따라 함께 가는 파트너예요. 엄마표 영어를 한다고 무작정 사교육을 배척하거나 반대로 사교육이 모든 것을 알아서 다 해줄 거라고 맹신하고 가정에서 신경 쓰지 않는 것 둘 다 바람직하지 않아요. 가정에서 할 수 있는 것과 할 수 없는 것을 명확히 파악해서 할 수 있는 부분은 해주고, 할 수 없는 부분은 믿을 수 있는 전문가에게 맡기는 것이 가장 이상적이에요. 집에서 부모님과 간단하게라도 영어 놀이나 그림책을 읽는 아이는 전혀 하지 않는 아이와 확연한 차이를 보여주죠. 선생님만 만나도 분명 얻는 것이 있지만 집에서 부모가 함께해주기까지 한다면 이 시너지는 엄청나겠죠. 부모가 영어 노래와 그림책 읽기, 알파벳 알려주기만 가능하다면

좀 더 다양한 사람과 풍부한 영어 소통을 경험할 수 있도록 영어 놀이 선생님을 만날 수 있는 환경을 제공해주고, 반대로 집에서 영어 소통은 가능한데 파닉스나 리딩 같은 학습 부분이 어렵다면 그 분야의 전문가에게 배울 수 있는 환경을 제공해주면 좋아요. 우리의 목표는 온전히 부모의 힘으로 영어교육을 시키는 것이 아니라 균형 잡힌 영어 교육임을 잊지 말아야 해요.

우리에게 꼭 필요한 책, 자료, 교구

요즘은 영어교육을 하기에 참 좋은 시대죠. 매력적인 책과 자료, 교구가 넘쳐나요. 하지만 아이의 영어 실력을 늘리는 건 매력적인 책, 자료, 교구가 아니라 사람이죠. 집에 아무리 많은 그림책이 있어도, 잘 만든 자료가 있어도, 비싼 교구가 있어도 쌓아두기만 하고 제대로 활용하지 못하면 자리만 차지할 뿐 인테리어 소품에 불과해요.

저는 첫째를 낳고 10개월이 되었을 때 가베 풀세트를 몇백만 원 주고 구매했어요. 그게 가장 후회스러운 구매예요. 너무 이른 때 구매해서 시기가 적절하지 않았고, 몸을 움직이기 좋아하는 아이와 제 성향을 고려하지 않았고, 욕심 때문에 비슷하게 겹치는 종류까지도 다 구매해버린 참으로 어리석은 구매였어요. 이미 구입한 것이 많다면 있는 것을 최대한 반복해 활용하고, 아직 구매한 게 별로 없다면 현재 나에게 꼭 필요한 것인지, 잘 활용할 수 있을지를 냉정하게 판단한 후 구매해주세요. 대신 절약한 비용은 엄마 휴식에 사용하고 에너지를 충전해 영어 노래를 하나라도 더 불러주거나 아이와 상호작용해줄 수 있는 좋은 영어 선생님을 만나게 해주는 것이 아이의 영어교육에 더 득이 될 거예요.

엄마표 영어가 쉬워지는 비법

"그래! 좋았어! 그 시너지를 위해 오늘부터 내가 부모표를 해주리라!" 하고 마음먹은 지 1일, 그 마음이 금방 사라지는 걸 경험하게 되죠. "아니, 내가 이렇게 갈대였나?" 걱정하지 마세요. 많은 분이 동일한 생각을 합니다. 지극히 정상입니다. 보통 아이를 가르치는 데 어려움을 느끼는 분들의 몇 가지 공통점이 있어요. 이 중 하나만 해당돼도 부모표의 난관에 봉착하게 되죠.

① 처음부터 엄청난 목표와 기대를 가집니다. "일주일 안에 우리 애 입에서 영어가 나오게 한다! 할 수 있어! 아자아자!"

② 부모가 항상 정답입니다. "아니야. 그렇게 하면 안 돼. 이렇게 해야지."

③ 예상치 못한 아이의 반응을 무시하거나 싫어합니다. "뭐 하는 거야? 빨리 와봐. 이거 다시 한번 해보자."

④ 아이의 눈높이와 맞지 않는 방법으로 다가갑니다. "(세 살 아이에게) 자, 앉아봐. 일어나지 말고 앉아 있어야지. 문장을 이루는 구조는 주어와 동사란다. 주어란…."

이것들이 왜 우리 아이를 가르치는 데 걸림돌이 되는지 하나씩 살펴볼게요.

엄청난 목표와 기대

가르치는 대상과 상황에 맞지 않는 목표와 기대는 오히려 낙담과 포기를 가져와요. 물론 장기적인 목표는 크게 가질 수 있으나 여기서 말하는 것은 단기적 목표입니다. 실행 가능한 작은 목표를 하나씩 이루며 성취감을 경험하면 엄마표를 지속하기 조금 더 쉬워져요.

너무 큰 기대 또한 마찬가지로 현실과의 차이를 크게 느끼게 해서 금방 포기하게 돼요. 내가 기대했던 건 놀이 시간 내내 아이와 영어로 말하며 노는 것이었는데 막상 놀아보면 내 맘처럼 되지 않죠. 머릿속에서는 맴도는데 밖으로는 나오지 않는 영어 실력과 영어 쓰지 말라고 하는 아이의 모습, 두 가지의 마찰로 인해 포기하기 일쑤예요.

그래서 저는 부모님들께 매주 작은 목표를 잡으라고 추천해요. 활동 때마다 타깃 문장 사용하기, 실생활에서 주제와 관련된 이야기 나누기, 자기 전에 주제와 관련된 책 읽어주기 등 작은 목표 하나를 성취하고 나면 그다음 작은 목표를 이루기가 더욱 쉬워요. 이렇게 작은 목표가 쌓여 큰 목표가 이루어지겠죠.

예를 들어, 영어 노출이 많이 없던 아이와 영어 놀이를 하면 놀이 시간 전체를 영어로 진행하고 싶은 마음이 굴뚝 같죠. 그래도 그 마음은 잠시 넣어두세요. 대신 몇 개의 문장 패턴이나 단어를 정해서 반복하며 얘기해주세요. 나머지는 편하게 한국어로 얘기하며 아이와 신나게 놀아주고요. 아이가 어느 정도 익숙해지면 영어의 비중을 점차 늘여 최종 목표인 '놀이 시간 내내 영어 사용'에 도달하는 거예요. 현재 우리 아이, 부모의 상황에서 실현 가능한 것으로 작은 목표를 잡아 성취해보세요.

엄마가 항상 정답

두 번째는 활동지를 해도, 놀이를 해도, 그림을 그려도 부모가 정답인 경우입니다. 줄긋기는 선을 꼭 따라서 그어야 하고, 색칠할 때는 선 안에 색칠해야 하고, 놀 때는 부모가 정한 규칙을 따라야 하고, 바다는 파란색이어야 하고요. 하지만 아이들은 부모 마음과 다르게 항상 '맞는 방법'으로 정답을 도출하지 않아요. 이 길로도 가보고 저 길로도 가보고. 그런 마음을 저는 창의력이라 표현해요.

아이들이 하는 대로 지켜보면 얼마나 창의적인지 감탄할 거예요. 줄을 가로로 긋는 것이 아니라 물결무늬 줄을 그리고, 그림 바깥에 색칠을 하고, 새로운 놀이 규칙을 만들어내고, 분홍색 바다를 그리고. 물론 아이들도 제대로 하는 방법과 규칙, 일반적인 '맞는 방법'을 배워야 하죠. 하지만 매번 그래야 할까요?

활동지의 경우 저는 아이와 제대로 할 때도 있지만 아이가 정답대로 하고 싶어 하지 않을 때는 유연한 사고와 창의력을 위해 원래의 방법에서 벗어나게도 해봐요. 미로 활동지를 할 때, 아이가 정답의 길로 가지 않고 막힌 길로 갈 때는 막힌 길에 포크레인을 그려서 길을 새로 만들거나 아이가 그렸던 줄에 날개를 그려 날아서 도착지로 가게 하죠.

숫자 활동지를 할 때도 사과 3개를 장난으로 2개라고 하면 "아니지, 이건 3개잖아! 장난치지 말고 똑바로 해"가 아니라 "오, 어떻게 알았어? 엄마가 하나 먹었거든(먹는 소리)" 하며 사과 하나를 지워요. 그러면 아이가 즐겁게 받아들이거나 오히려 직접 고치기도 하죠. 놀이를 할 때도 마찬가지예요. 부모가 하고자 했던 규칙과 다른 방향으로 하고 싶어 할 때는 아이의 방법으로 하거나 부모의 방법과 아이의 방법을 적절히 섞어서 해보기도 해요.

부모가 아는 것이, 지금까지 당연하게 해왔던 방법이 항상 정답이 아닐 수 있어요. 이것이 맞는 방법이라고 주입하기보다는 아이의 의견과 원하는 방법을 고려해 함께 만들어간다고 생각하면 부모표가 훨씬 수월해져요.

예상치 못한 반응, 금지!

벌써 말에서부터 어폐가 있어요. 예상하지 못한 아이의 반응은 갑자기 일어나는 일인데 누가 막을 수 있을까요? 영유아 아이들과 놀다 보면 많은 변수가 생겨요. 꽃으로 시작해서 북극으로 끝날 수도 있죠. 갑작스러운 아이의 반응을 컨트롤하려고 하면 오히려 부모가 스트레스를 받아 부모표 영어를 지속하기가 어려워요. 그럼 어떻게 해야 할까요? 받아주기-다리 만들기-돌아오기 방법을 사용해보세요.

받아주기: 있는 그대로 받아들이고 아이에게 반응해주세요. 아이와 주방 도구 플래시카드를 물건에 붙이는 게임을 하고 있었어요. 그런데 아이가 냉장고에 카드를 붙이다가 갑자기 냉장고에 있는 바다 동물 그림에 꽂혀서 그 그림에만 관심을 가져요. 먼저 아이가 관심 있는 것에 함께 관심을 가져주고 "멋지다! 저게 뭐지? 고래가 있네. 상어도 보여!" 등으로 충분히 반응해주세요.

다리 만들기: 그다음 부모가 원하는 것과 아이가 관심 있는 것을 연결시킬 다리를 만들어주세요. 엄마가 원하는 것은 다시 플래시카드 게임으로 돌아오는 것, 아직 아이가 관심 있는 것은 바다 동물 그림이에요. 제가 만든 다리는 이렇습니다. "고래가 냉장고 위에 있어! 상어도 냉장고 위에 있네. 바다 동물이 냉장고에 모여 있어. 냉장고! 이건 냉장고야. 냉장고가 어디 있다고? 여기!" 바다 동물과 냉장고 연결해 함께 언급해준 후 슬그머니 초점을 바다 동물에서 냉장고로 옮겨줘요.

돌아오기: 다리를 타고 부모가 원하는 것으로 넘어와주세요. 자연스럽게 바로 하던 활동으로 이어주세요. "그럼 전자레인지는 어디 있지? 전자레인지 찾아볼까? 전자레인지야." 아이들의 일상과 반응은 예상할 수 없는 변수로 가득 차 있어요. 변수를 막으려고 하기보다는 받아들이고 그 변수를 내가 계획했던 곳으로 가는 다리로 사용해주면 부모표는 더욱 쉬워져요.

아이의 눈높이와 맞지 않는 방법

부모표를 처음 하는 부모님께서 많이 하는 실수 중 하나죠. 아이의 눈높이에 맞게 설명해주거나 활동을 해야 하는데 부모의 눈높이에 맞춘 방법을 제시해요.

부모의 눈높이에 맞춘 예시: 공부는 꼭 앉아서 해야 하며, 문법은 엄마가 배운 대로 설명할 수 있어야 해요. 책은 꼭 완독할 것을 요구합니다.

아이의 눈높이에 맞춘 예시: 놀면서 배우거나 여러 상황에서 문법을 사용하거나 게임을 통해 이해할 수 있어요. 책 그림 위주로 짧은 묘사를 유도해요.

영유아 아이들은 어른과 달라서 아이에게 맞는 방법으로 다가가야 해요. 우리 세대가 배울 때는 교실에 앉아서 교과서를 토대로 선생님이 지식을 주입하는 교육을 받았기에 우리가 경험한 방법으로 아이들에게 다가가는 부모님들이 꽤 있어요. 하지만 영유아 아이들은 어느 연령대보다 오감 자극과 경험을 통해 배워야 하죠. 또한 아이들에게는 즐거움이 굉장히 중요해요. 재미가 없으면 잘 따라오지 않아요. 그럼 아이의 눈높이에 맞추려면 어떻게 해야 할까요? 간단해요. 아이가 좋아하는 것, 행동을 관찰해보세요. 아이들은 대부분 가만히 앉아 있는 것보다 몸을 움직이는 것을 좋아하죠. 아주 조용한 것보다 약간의 소음이 있는 것을 좋아하고 장난과 웃긴 행동을 좋아해요. 또 보기만 하기보다 직접 경험하고 싶어 하죠.

이렇게 생각하면 더욱 쉬워요. 대부분의 엄마가 싫어하는 행동을 아이들이 좋아해요. 뛰기, 점프하기, 뛰어내리기, 소리 지르기, 몸 흔들기, 이불 갖고 장난치기, 서랍에 있는 물건 다 꺼내기, 쏟기, 물장난 치기, 웃긴 표정 짓기, 코딱지, 똥, 방귀 등. 이외에도 아이들이 공통적으로 좋아하는 것이 많죠. 이것을 잘 사용하면 조금 더 쉽게 아이의 눈높이에 맞출 수 있어요.

소통 중심의 영어 경험이 핵심

이론편에서 이중언어, 기억, 언어, 교육 방법 등 다양한 주제를 다루었지만, 결론적으로 기억해야 할 핵심은 영유아 시기 영어 교육은 반응을 주고받는 소통 중심의 영어 경험이 되어야 한다는 점입니다.

성공적인 영어 노출을 위해서는 아이와 공놀이를 하듯 자연스럽게 접근하시면 됩니다. '공놀이/공'에 '영어'를 대입해서 읽어보세요.

① 먼저 **공놀이**를 보여주고,

② **공**을 주고받으며 상호작용하고,

③ 편안한 환경에서,

④ **공놀이**를 반복하고,

⑤ 연결과 확장을 해줍니다.

좀 더 간단히 얘기하자면 '어떻게 영어를 하는지 보여줄 모델'과 '부모의 반응'이 필요한 것이죠. 이렇게 하다보면 자연스레 발화의 길로 들어서게 되는데, 이를 더 촉진시킬 수 있는 부스터를 여러 개 설명드렸어요.

- 패런티즈 화법
- 아이 수준에 맞는 이해 가능한 인풋을 주기
- 다양한 사람과의 영어 소통
- 아이가 관심을 보이는 주제로 시작하기
- 하나의 주제를 다양한 활동으로 연결하기

이를 바탕으로 우리나라에서 이상적으로 실현할 수 있는 영유아 시기 영어교육의 사례를 소개합니다. 아래와 같이 아이가 영어에 노출되고 발화할 수 있는 환경을 만들어주세요. 그 환경은 놀이처럼 재밌게 제공될 때 가장 효과적입니다.

리하(만 4세)의 이야기

리하의 부모님은 영어가 유창하지는 않지만, 집에서 영어를 사용하는 모습을 꾸준히 보여주고 있어요. 앱, 책, 영상 등을 활용해 영어로 소리 내어 읽고 공부하는 모습을 리하는 어릴 때부터 자연스럽게 접해왔죠.

리하가 어릴 때부터 부모님은 간단한 표현을 영어로 종종 사용했고, 말할 때마다 높은 톤과 과장된 억양으로 리하의 관심을 끌었습니다. 리하가 반응을 보이면, 부모님은 그 반응에 적극적으로 답하며 아이가 던진 단어를 문장으로 만들어 되돌려주곤 했어요.

리하네는 매일 영어 그림책 1권을 읽고 30분간 영어 영상을 시청합니다. 모두 리하가 흥미를 느끼는 주제들이고, 리하가 이해할 수 있는 레벨의 콘텐츠라 번역이 필요하지 않아요. 책을 읽을 때는 단순히 글자만 읽지 않고, 아이의 말과 행동을 유도하며 그에 적극적으로 반응해줍니다.

처음 영어 영상을 접했을 때는 부모님과 함께 보는 시간이 많았지만, 영상 노출 2년 차가 된 지금은 대부분 혼자서 보고 있어요. 책이나 영상을 본 후에는 관련된 간단한 놀이를 합니다. 부모님은 표정과 제스처를 가득 담아 연기하며 놀이에 참여하고, 이 과정에서 리하의 발화가 자연스럽게 유도됩니다. 또한 일주일에 한 번은 영어 놀이 학원에 가서 선생님과 놀이하며 집에서는 접하지 못했던 새로운 개념들을 영어로 배우고 옵니다.

지금까지 우리는 여러 가지 이론과 방법으로 기초를 탄탄하게 쌓았어요. 이제 남은 건 실천뿐! 연령에 맞는 방법으로 영어 도구를 적용할 수 있도록 커리큘럼을 구성해보았어요.

발화로 이어지는 우리 집 영어 루틴

CHAPTER 1.

영어 루틴을 만들기 위해 알아둘 것

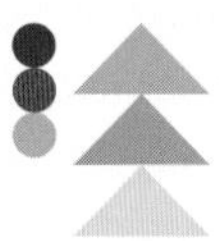

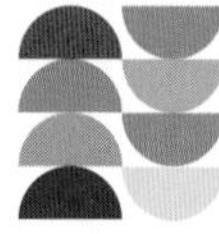

자주 사용하는 문장 패턴

아이에게 영어 노출을 할 때 자주 사용하는 문장 패턴을 정리했어요. 아무래도 이 시기에는 소통을 통한 영어 노출이 발화로 이어지는 데 큰 역할을 하기 때문에 양육자의 역할이 중요해요. 그래서 영어를 쉽게 말하도록 도와주는 문장 패턴 32가지를 알려드릴게요.

문장 패턴이란 특정한 구조와 형식이 규칙적으로 반복되는 문장으로 다양한 단어를 같은 자리에 대입해 여러 가지 문장을 만들 수 있어요. 예를 들어 'I love spinach'라면 'spinach' 자리에 'carrots, apples, bananas' 등 다양한 단어를 대입해 같은 구조의 문장을 만들 수 있죠. 이 문장 패턴만 잘 활용해도 아이와 영어로 대화가 가능해져요. 아이와 영어 대화를 늘리고 싶다면 문장을 하나씩 따라 해보세요. 제스처와 톤, 표정을 다해 연기해보는 거죠.

기본	부정	의문
I see **I see a bunny over there.** 저기 토끼가 보여.	**I don't see** **I don't see any birds in the sky.** 하늘에 새가 하나도 안 보이네.	**Do you see?** **Do you see the kitty on the table?** 테이블 위에 있는 고양이 보이니?
I have **I have a red car.** 엄마에게 빨간 차가 있어.	**I don't have** **I don't have a green car.** 엄마는 초록색 차가 없어.	**Do you have?** **Do you have a pink car?** 분홍색 차 갖고 있니?
I like **I like pizza.** 엄마는 피자 좋아해.	**I don't like** **I don't like spinach.** 엄마는 시금치 싫어해.	**Do you like?** **Do you like spaghetti?** 스파게티 좋아하니?
I want **I want to read you a story.** 엄마가 책 읽어주고 싶어.	**I don't want** **I don't want to turn the lamp off.** 엄마는 조명 끄고 싶지 않아.	**Do you want?** **Do you want to cuddle with your teddy?** 테디베어 안고 싶니?
I need **I need to do the laundry.** 엄마는 빨래해야 해.	**I don't need** **I don't need to wash the dishes.** 엄마 설거지 안 해도 돼.	**Do you need?** **Do you need your cup?** 컵 필요하니?
I can **I can sort out the puzzles.** 엄마가 퍼즐 분류할 수 있어.	**I can't** **I can't clean your room.** 엄마는 네 방을 청소할 수 없어.	**Can you?** **Can you put your toys away?** 네 장난감 정리할 수 있니? **Can I?** **Can I play with your blocks?** 엄마가 네 블록으로 놀아도 되니?
You are **You are hiccuping.** 아가 딸꾹질 하네.	**You're not** **You're not eating.** 안 먹고 있네.	**Are you?** **Are you hiding?** 숨어 있니?

기본	부정	의문
I am/we are going to **I am going to take you to the playground.** 엄마가 오늘 놀이터에 데리고 갈게	**I'm/we're not going to** **We're not going to bring our toys there.** 우리 거기에 장난감은 안 가지고 갈 거야.	**Are you/we going to?** **Are you going to play on the seesaw?** 시소 탈 거니?
Look at **Look at the dump truck!** 저 덤프트럭 좀 봐.	**Don't look** **(숨바꼭질할 때) Don't look!** 보면 안 돼.	**Are you looking?** **Are you looking at the bird?** 저 새 보고 있니?
Let's **Let's take a bath.** 우리 목욕하자.	**Let's not** **Let's not scratch the bug bite.** 우리 벌레 물린 데 긁지 말자.	**Let me** **Let me wash your hair.** 엄마가 머리 감겨줄게.
Why don't you? **Why don't you try this?** 이거 해보는 게 어때?	**How about?** **How about you go first?** 먼저 가보는 게 어때?	

발화 촉진을 위한 두 가지 활동 연결하기

이제 우리 집에서 바로 적용할 수 있는 두 가지 방법을 소개할게요. 첫 번째 방법은 파트 2에서, 두 번째 방법은 파트 3에서 다룰 예정입니다. 먼저 첫 번째 방법부터 시작해볼까요? 아주 간단한 것도 괜찮으니 딱 두 가지 활동만 연결해주는 거예요. 바다 동물에 관한 영상을 본 후 다른 주제에 대한 책을 보는 것보다 바다 동물에 대한 책을 본다면 연결성이 있기 때문에 같은 시간을 투자하더라도 자신의 것으로 만드는 게 더 많을 수밖에 없어요.

이론 편에서 언급한 것처럼, 양도 중요하지만 무엇보다 중요한 것은 퀄리티예요. 다독, 다청, 다양한 책, 다양한 노래, 다양한 영상에 노출해주는 것보다 몇 가지를 깊이 이해할 수 있도록 도와주는 게 더 유익해요. 책 3권을 읽을 시간에 책 1권을 읽고 그것과 연결된 활동을 해보세요.

여기서 중요한 개념 두 가지 먼저 짚어볼게요. **베이스(base)와 레이어(layer)**. 말 그대로 베이스는 기초가 되는 활동이고 레이어는 그 위에 쌓아주는 활동입니다. 베이스를 먼저 정하고 그 내용과 연결되는 레이어 활동을 정하면 끝!

일반적으로 베이스 위에 옷으로 입혀줄 레이어는 베이스를 제외한 모든 활동으로 정해요. 예를 들어, 책을 베이스로 정했다면 노래, 영상, 놀이, 생활회화, 플래시카드, 워크지, 체험 등 책을 뺀 나머지 활동을 레이어로 정하는 거죠. 물론 같은 주제로요.

베이스를 먼저 선택해볼까요? 베이스는 책이나 노래, 영상 중 하나를 추천해요. 이 세 가지가 베이스로 좋은 이유는 ①모두 아이의 흥미를 끌기 좋아 처음 문을 여는 역할로 제격이고, ②양육자가 따라 할 수 있는 단어와 표현이 가득하기 때문이에요. 그 단어와 표현을 토대로 하면 레이어 활동을 더 쉽게 진행할 수 있어요. 오늘 읽은 책이 과일의 색에 관한 책이라고 가정한다면, 집에 있는 과일 포스터에서 똑같은 색의 과일을 찾아 책에서 나온 문장을 얘기하며 놀 수 있겠죠. 목욕 시간에 대한 노래를 골랐다면 씻으면서 노래에서 나온 문장을 사용하거나 식물에 대한 영상을 봤다면 집에 있는 화초에 물을 주며 영상에서 나온 대사를 말해줄 수 있으니 훨씬 쉽게 레이어 활동이 가능하죠.

기초 놀이집 (두 가지 활동 연결하기)

영어 동요, 이야기 노래 영상, 그림책을 베이스로 했을 때 레이어 활동을 준비해봤어요. 관련 책이나 영상을 보는 건 누구나 쉽게 레이어 활동으로 정할 수 있으니, 그보다는 대본이 필요한 간단 놀이를 레이어 활동으로 정해 총 21개의 놀이집을 만들었어요.

기본 레이어 요소들

영어 동요는 미국의 쉬운 전래동요로 선정했으며 신생아부터 가능하도록 양육자가 보여주는 활동으로 준비했어요.

이야기 노래 영상은 말 그대로 노래 안에 이야기가 담겨 있는 조금 더 길고 어려운 노래예요. 엄마와 함께 영상을 시청하며 배우기 좋은 18개월 이상 아이들에게 맞춰 놀이를 구성했어요.

그림책은 0~4세가 읽으면 좋은 책을 난이도 순서로 정리해 놀이를 기획했어요.

놀이집 소개

① 놀이집은 한 놀이 안에 2~3개의 패턴 문장을 반복해 누구나 쉽게 영어로 말하며 아이와 놀 수 있도록 구성했어요.

② 이 시기는 엄마가 얘기해주는 것이 대부분이니 엄마 위주로 대본을 작성했으며

③ 공놀이 비유를 통해 이야기한 보여주기, 주고받기, 반복이 담긴 스크립트로 구성했어요.

④ 또한 각 놀이마다 어느 발달에 도움이 되는 놀이인지 확인할 수 있어요.(신체놀이-대근육, 소근육 등)

아직 반응을 하지 못하는 월령이라도 열심히 얘기하고 보여주는 것이 아이들에게 분명 유익한 자극이 되니 연기력을 발휘해보세요.

• 로메이징 놀이는 모든 양육자를 위한 콘텐츠입니다. 가정마다 주 양육자가 다를 수 있으나, 설명에서는 '엄마'를 대표적으로 사용하고 있음을 양해 부탁드립니다.

CHAPTER 2.

노래, 영상, 그림책 연계 발화 촉진 놀이 21

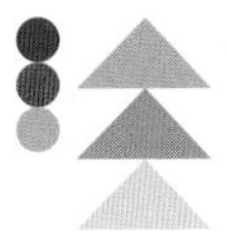

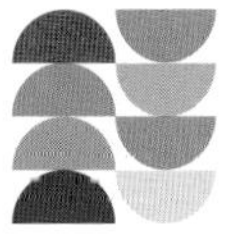

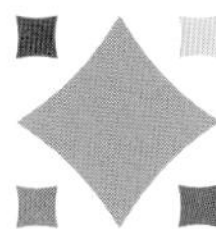

노래
Wheels On The Bus

버스가 간다

장난감 버스를 가지고 몸을 움직이며
다양한 의성어를 표현해봐요.

대근육 놀이: 언제 어디서나 **준비물:** 장난감 버스
패턴: Look at me [행동].
타깃 단어/문장: go, open and shut, honk, swish the wipers, blink the signals

보여주기

Look, mommy's going to be a bus.	봐봐, 엄마가 버스가 되어볼게.
Look at me go. Vroom, vroom!	엄마 버스가 가는 걸 보렴. 부릉부릉!
Look at me open and shut the doors. Open and shut, open and shut!	문을 열고 닫는 걸 봐봐. 열었다 닫았다, 열었다 닫았다!
Look at me honk. Beep, beep!	경적 울리는 걸 보렴. 빵빵!
Look at me swish the wipers. Swish, swish.	와이퍼 움직이는 걸 보렴. 쓱싹쓱싹.
Look at me blink the signals. Blink, blink.	깜빡이가 깜빡이는 걸 보렴. 깜빡깜빡.

주고받기 & 반복하기

Now it's your turn to be a bus.	이제 네가 버스가 될 차례야.
The bus goes vroom, vroom.	버스는 부릉부릉 가요.
Vroom, vroom.	부릉부릉.
The doors go open and shut.	문은 열렸다 닫혔다 해요.

Open and shut, open and shut.	열었다 닫았다, 열었다 닫았다.
The horn goes beep, beep.	경적은 빵빵거려요.
Beep, beep.	빵빵.
The wipers go swish, swish.	와이퍼는 쓱싹쓱싹.
Swish, swish.	쓱싹쓱싹.
The signals go blink, blink.	깜빡이는 깜빡거려요.
Blink, blink.	깜빡깜빡.

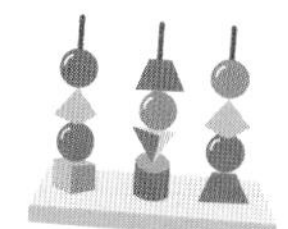

로메이징 체크 박스

Look at me [행동].

아이들과 상호작용을 할 때는 함께 집중하는 것이 첫 번째기 때문에 'look!'이라는 단어를 많이 씁니다. Look!, Look at [물건]!, Look at [물건/사람] [행동] 등 다양하게 확장이 가능하니 아이들과 함께할 때 유용하게 쓰도록 잘 기억해두세요!

Close vs. Shut

두 단어 모두 '닫다'라는 뜻을 가지고 있지만 뉘앙스가 조금 달라요. 일반적으로 쓰는 것은 close로 shut보다 더 부드러운 느낌이라 조용히 닫는 것은 모두 close를 사용해요. shut의 경우 더 강력하고 확고한 느낌이며 완전히 닫았다는 의미를 강조할 때 사용합니다.

노래

If You're Happy

나의 감정

다양한 감정에 대해 알아보고
몸으로 표현해봐요.

정서/사회성 놀이: 매일 루틴으로
패턴: If you're [감정], [행동].
타깃 단어/문장: happy, sad, angry, hungry, sleepy

보여주기

If you're happy, clap your hands! (Clap, clap).	행복하면 손뼉을 쳐봐! (짝짝)
If you're sad, cry aloud. (Boo hoo hoo)	슬프면 크게 울어봐. (으앙)
If you're angry, stomp your feet. (Stomp, stomp)	화가 나면 발을 굴러봐. (쿵쿵)
If you're hungry, grab a snack. (Yum)	배가 고프면 간식을 먹어봐. (냠)
If you're sleepy, take a nap. (Snore)	졸리면 낮잠을 자봐. (쿨쿨)

주고받기 & 반복하기

Let's clap our hands! (손뼉을 치며) Clap your hands. (쉬고) I'm happy!	우리 손뼉 치자! 손뼉 쳐보렴. 나는 행복해요!
Let's cry aloud! (우는 척하며) **Cry aloud.** (쉬고) **I'm sad.**	우리 크게 울자! 크게 울어보렴. 나는 슬퍼요.

Let's stomp our feet! (발을 구르며) **Stomp your feet.** (쉬고) **I'm angry!**
Let's go grab a snack! (간식 가져오며) **Grab your snack.** (쉬고) **I'm hungry.**
Let's take a nap! (자는 척하며) **Take a nap.** (쉬고) **I'm sleepy.**

우리 발 굴러보자! 발을 굴러보렴. 나는 화났어요!
우리 간식 집어오자! 간식을 집어보렴. 나는 배고파요.
우리 낮잠 자자! 낮잠 자보렴. 나는 졸려요.

로메이징 체크 박스

If you're [감정], [행동].

이 패턴은 아이들의 감정을 인식하고 명명해주는 데 많이 사용해요. 당연히 아주 어릴 때는 무슨 감정인지, 무슨 뜻인지 모르지만 아이가 그 감정을 느낄 때마다 "You are happy! If you're happy, clap your hands!"라고 말해주고 그때에 맞는 행동을 보여주면 감정 인식은 물론 감정에 따른 적절한 행동까지 자연스럽게 알려줄 수 있어요.

Angry vs. Frustrated vs. Annoyed vs. Cranky

가장 대표적인 감정 중 하나가 angry(화난)라서 짜증나거나 답답한 것도 angry로 표현하는 걸 많이 봤어요. 하지만 이를 더 잘 표현해줄 수 있는 단어들이 있답니다!

- frustrated: 답답해서 짜증나는 → You're frustrated because the puzzle is really hard.
- annoyed: 어떤 것이 거슬려서 짜증나는 → You're annoyed because it's so noisy.
- cranky: 신경질적인, 짜증내는 → You're cranky this morning because you didn't get enough sleep.

노래 The Itsy Bitsy Spider

내 몸에 거미가!

아이 몸 위에서 손가락 거미를 움직이며
신체 부위를 배우고 아이와 교감해요.

대근육 놀이: 언제 어디서나, 기상 시간, 취침 시간 추천
패턴: The spider's on your [신체 부위].
타깃 단어/문장: head, belly, foot

보여주기

Look, it's a spider! A spider!	봐, 거미가 있어! 거미가!
The spider's on your head.	거미가 네 머리 위에 있어.
The spider's on your belly.	거미가 네 배 위에 있어.
The spider's on your foot.	거미가 네 발 위에 있어.

주고받기 & 반복하기

Where did the spider go?	거미는 어디로 갔을까?
(아이 반응) **It's on Teddy!**	거미는 테디 위에 있어!
The spider's on his head!	거미가 테디의 머리 위에 있어!
The spider's on his belly!	거미가 테디의 배 위에 있어!
The spider's on his foot!	거미가 테디의 발 위에 있어!
(손가락으로 아이 신체 부분을 터치하면서) **Head, belly, foot! Head, belly, foot!**	머리, 배, 발! 머리, 배, 발!

로메이징 체크 박스

The spider's on your [신체 부위].

이 패턴은 아이들에게 신체 부위를 가르칠 때 유용해요. 꼭 거미가 아니라도 caterpillar, ant 등으로 바꿔서 캐릭터를 활용해주면 자연스럽게 언어와 신체 부위를 익힐 수 있어요.

Head vs. Hair

우리나라는 머리(head)도 머리, 머리카락(hair)도 머리라고 칭할 때가 많지만 영어는 명확하게 구분돼요. 한국어로 머리카락은 나중에 배우는 단어인 반면, 영어로 hair는 일찍부터 아이들이 들으며 자라죠. 'The spider's on your head'라고 한다면 거미가 머리 전체(머리카락, 이마, 뒤통수 등)에 있다는 뜻이고, 'The spider's on your hair'라고 한다면 거미가 머리카락 위에 있다는 뜻입니다.

On vs. In

on과 in은 위치를 설명할 때 자주 쓰는 전치사로 그 차이를 아는 것이 중요해요. 생각보다 헷갈리거든요. on은 물체가 다른 물체의 표면에 있을 때 사용하고, in은 물체가 다른 물체 안에 있을 때 사용해요. 예를 들어, 'The monkey is on the tree'는 나무 꼭대기 위에 있다는 뜻이고, 'The monkey is in the tree'는 나무 안, 즉, 나뭇가지에 올라가 있을 때 사용합니다. 'The spider's on your hair'는 거미가 머리카락 위에 올라가 있다는 뜻이고, 'The spider's in your hair'는 거미가 머리카락 속에 있다는 의미죠. 아이들이 자연스럽게 이 차이를 익힐 수 있도록 두 문장을 사용하며 비교해보세요.

Doll vs. Stuffed animal

한국어로는 둘 다 '인형'이라고 하지만, 영어로 'Doll'은 사람 모양의 인형, 'Stuffed animal'은 동물 봉제 인형을 뜻해요. 예를 들어, "She has a doll."은 사람 모양 인형을 가지고 있다는 뜻이고, "He loves his stuffed animal."은 동물 인형을 좋아한다는 의미예요.

노래
Clap Your Hands

날 따라 해봐요

엄마가 가사대로 행동하고
아이가 따라 하며 관찰력과 모방력을 키워요.

인지놀이: 놀이 시간, 공공장소에서 기다릴 때
패턴: Copy me [행동]!
타깃 단어/문장: clap, touch, tap, stomp, quiet

 보여주기

Look! Clap your hands, clap, clap, clap!	봐봐! 손뼉을 치자, 짝짝짝!
Touch your shoulders, touch, touch, touch!	어깨를 만져봐, 톡, 톡, 톡!
Tap your knees, tap, tap, tap!	무릎을 쳐봐, 탁, 탁, 탁!
Stomp your feet, stomp, stomp, stomp!	발을 구르자, 쿵, 쿵, 쿵!
Now, let them be quiet, Shh, shh, shh. (quiet는 작은 목소리로)	이제 조용히 해보자, 쉿, 쉿, 쉿!

주고받기 & 반복하기

Now, copy me!	이제 엄마 따라 해보렴!
Copy me, clap your hands!	엄마 따라 해봐, 손뼉을 쳐보렴.
(속삭이며) **Clap, clap, clap!**	짝짝짝!
(소리 내어) **Clap, clap, clap!**	짝짝짝!
Copy me, touch your shoulders.	엄마 따라 해봐, 어깨를 만져보렴.

(속삭이며) **Touch, touch, touch!** — 탁, 탁, 탁!

(소리 내어) **Touch, touch, touch!** — 탁, 탁, 탁!

Copy me, tap your knees. — 엄마 따라 해봐, 무릎을 살짝 쳐보렴.

(속삭이며) **Tap, tap, tap!** — 탁, 탁, 탁!

(소리 내어) **Tap, tap, tap!** — 탁, 탁, 탁!

Copy me, stomp your feet. — 엄마 따라 해봐, 발을 굴러보렴.

(속삭이며) **Stomp, stomp, stomp!** — 쿵, 쿵, 쿵!

(소리 내어) **Stomp, stomp, stomp!** — 쿵, 쿵, 쿵!

Copy me, let's be quiet. — 엄마 따라 해봐, 조용히 해보자.

(속삭이며) **Shh, shh, shh.** — 쉿, 쉿, 쉿.

(소리 내어) **Shh, shh, shh.** — 쉿, 쉿, 쉿.

로메이징 체크 박스

Copy me, [행동]!

배움은 따라 하는 것부터 시작되죠. 배워야 할 게 많은 이 시기 아이들에게 "Copy me, ~"는 필수 표현이에요. 그 뒤에 따라 해야 하는 것을 지시문으로 간단하게 말해주면 된답니다. 우리는 학창 시절 동사부터 시작하는 지시문은 강한 명령이라고 배웠기 때문에 유난히 지시문에 인색한 편이에요. 하지만 지시문은 명령 외에도 어조나 상황에 따라 요청이나 제안이 될 수 있어요.

Tap vs. Pat

두 단어 모두 가볍게 손으로 치는 동작이지만 'tap'은 손가락이나 발가락으로 표면을 빠르고 가볍게 치는 동작이고 'pat'은 애정이나 격려를 담아 손바닥으로 누군가를 가볍게 치거나 쓰다듬는 동작입니다.

노래
Pat A Cake

포일 케이크

포일을 두드리고 돌돌 말아 다양한 질감과 모양을 탐색해요.

소근육 놀이: 놀이 시간 준비물: 포일
패턴: Let's [행동].
타깃 단어/문장: fold, pat, scrunch, roll, tear, add

보여주기

I'm going to show you how to make a foil cake. 엄마가 포일 케이크 어떻게 만드는지 보여줄게.

I fold the foil and pat it. Pat, pat, pat. 엄마가 포일을 접고 두드려요. 톡톡톡.

I pat it quickly. Pat, pat, pat. 엄마가 포일을 빨리 두드려요. 톡톡톡.

I pat it slowly. Pat, pat, pat. 엄마가 포일을 느리게 두드려요. 톡톡톡.

I scrunch it and add it on top. 엄마가 포일을 구겨서 위에 올려놔요.

I roll it and add it on top. 엄마가 포일을 돌돌 말아서 위에 올려요.

I tear it into small pieces and add them on top. 엄마가 포일을 작게 잘라서 위에 올려요.

I made a cake! 엄마가 케이크를 만들었어요!

주고받기 & 반복하기

Let's fold the foil and pat it! Pat, pat, 포일을 접고 두드려보자! 톡톡톡.

pat. (손1고)

Let's pat it quickly!	빨리 두드리자!
Let's pat it slowly.	천천히 두드리자.
Let's scrunch it and add it on top.	포일을 구겨서 위에 올려보자.
Let's roll it and add it on top.	포일을 돌돌 말아서 위에 올려보자.
Let's tear it into small pieces and add them on top.	포일을 작은 조각으로 찢어서 위에 올려보자.
Wow, you made a cake, too! (소리 내어)	와, 우리 아가도 케이크를 만들었네!

로메이징 체크 박스

Let's [행동].

'Let's'는 아이와 함께 무언가를 하자고 제안할 때 사용하는 표현이에요. 아이의 참여를 유도하며, 부모와 아이가 함께하는 활동을 통해 자연스럽게 영어를 익힐 수 있어요. 명령보다는 함께하자는 의미를 담고 있어, 아이가 더 즐겁게 받아들이고 활동에 적극적으로 참여하게 돼요. 이 패턴은 일상에서 자주 사용되며, 'Let's play', 'Let's eat', 'Let's go'처럼 다양한 상황에서 쉽게 확장할 수 있어요.

On top vs. On the top

두 표현은 비슷해 보이지만 뜻이 달라요. 'on top'은 단순히 어떤 물체 위에 있는 것을 의미하는 반면 'on the top'은 어떤 물체의 가장 윗부분을 구체적으로 가리킬 때 사용해요. 예를 들어 스크립트에서 "I add it on top"은 구긴 포일을 다른 포일 위에 올려놓았다는 뜻이고 "I add it on the top"은 구긴 포일을 가장 위에 올려놓았다는 것을 의미해요.

노래
Open Shut Them

다 열어, 뒤집어, 굴려

집에 있는 플라스틱병의 뚜껑 등을
활용하여 열고 닫는 다양한 표현을 배워요.

소근육 놀이: 집에서 **준비물:** 밀폐용기, 플라스틱병과 뚜껑
패턴: I can [행동].
타깃 단어/문장: open, close, flip over, roll, spin

보여주기

I can open the lid.	엄마 뚜껑 열 수 있어.
I can close the lid.	엄마 뚜껑 닫을 수 있어.
I can flip over the lid.	엄마 뚜껑 뒤집을 수 있어.
I can twist off the cap.	엄마 병 뚜껑 돌려서 열 수 있어.
I can roll the cap.	엄마 병 뚜껑 굴릴 수 있어.
I can spin the cap.	엄마 병 뚜껑 돌릴 수 있어.

주고받기 & 반복하기

Can you open the lid, too? Open, open, open! (쉬고)	우리 아가도 뚜껑 열 수 있니? 열어, 열어, 열어!
Can you close the lid, too? Close, close, close. (쉬고)	우리 아가도 뚜껑 닫을 수 있니? 닫아, 닫아, 닫아!
Can you flip over the lid, too? Flip over, flip	우리 아가도 뚜껑 뒤집을 수 있니? 뒤집

over, flip over. (쉬고)

Can you twist off the cap, too? Twist off, twist off, twist off. (쉬고)

Can you roll the cap, too? Roll, roll, roll. (쉬고)

Can you spin the cap, too? Spin, spin, spin. (쉬고)

That's amazing! Give me a high-five!

어, 뒤집어, 뒤집어.

우리 아가도 병 뚜껑 돌려서 열 수 있니? 비틀어, 비틀어, 비틀어.

우리 아가도 병 뚜껑 굴릴 수 있니? 굴려, 굴려, 굴려.

우리 아가도 병 뚜껑 돌릴 수 있니? 돌려, 돌려, 돌려.

정말 멋지다! 하이파이브하자!

로메이징 체크 박스

I can [행동].

자신이 할 수 있는 것을 표현할 때 사용하는 이 패턴 또한 아이들과 상호작용할 때 필수예요. 'I can [행동]'으로 행동을 보여주고, 'Can you [행동]?'으로 따라 해보도록 유도하고, 마지막에 'You can [행동]!'으로 아이의 능력을 인정해주며 자신감과 자립심을 키워줄 수 있어요. 이 세 가지 패턴을 세트로 사용해 보세요!

Lid vs. Cap

두 가지 모두 무언가를 덮는 덮개를 의미하지만 'lid'는 냄비, 상자, 통 등의 덮개로 주로 평평하거나 얇아요. 'cap'은 병이나 튜브의 뚜껑을 의미하고 주로 돌려서 여는 형태예요.

노래

Mr. Sun

해님 잡아라

해님 그림을 잡을 수 있도록 유도해요.
아직 누워 있는 아기들은 엄마가 아기의 손과 발로 해님을 터치해주세요.

대근육 놀이: 놀이 시간 **준비물:** 해님 그림 또는 해님 장난감

패턴: The sun is going [방향].

타깃 단어/문장: up, down, left, right, here

보여주기

Here is the bright, yellow sun. Sun. This is the sun.	여기 밝고 노란 해님이 있어. 해님. 이게 바로 해님이야.
The sun is going up. (위로 올라가는 음으로)	해님이 올라가요.
The sun is going down. (아래로 내려가는 음으로)	해님이 내려가요.
The sun is going to the right.	해님이 오른쪽으로 가요.
The sun is going to the left.	해님이 왼쪽으로 가요.
The sun is over here. Hello, Sun!	해님이 여기 있어요. 안녕 해님!

주고받기 & 반복하기

Now, it's your turn to catch the sun.	이제 네가 해님을 잡을 차례야.
Can you get the sun all the way up here?	여기 위에 있는 해님 잡을 수 있니?
(올라가는 음으로) **Up!**	위!
Can you get the sun all the way down here?	여기 아래 있는 해님 잡을 수 있니?

(내려가는 음으로) **Down!**	아래!
Can you get the sun on the right?	오른쪽에 있는 해님 잡을 수 있니?
Right!	오른쪽!
You got it!	네가 잡았어!
Can you get the sun on the left?	왼쪽에 있는 해님 잡을 수 있니?
Left!	왼쪽!
You did it!	네가 해냈어!
Can you get the sun over here? Here!	여기 있는 해님 잡을 수 있니? 여기!
You almost got it!	거의 잡았어!

로메이징 체크 박스

The sun is going [방향].

아이들과 장난감을 갖고 놀다 보면 방향이나 위치 단어를 말하게 되는데요, 그때 유용하게 쓸 수 있는 패턴이에요. 여기서는 해님 장난감을 움직이며 얘기했지만, 탈것 장난감이나 인형 등을 움직이며 놀 때 사용해보세요. 사언스럽게 아이가 빙향을 익힐 수 있어요. 특히 'up, down'은 올라가는 음, 내려가는 음을 넣어주면 아이들이 더 잘 기억하게 된답니다.

You got it vs. You almost got it

둘 다 아이들의 노력을 인정하고 격려하기 위해 사용할 수 있어요. "You got it!"은 성공적으로 목표를 달성했을 때, "You almost got it!"은 거의 목표에 도달했지만 완전히 이루지는 못했을 때 "거의 잡았는데! 아쉽다. 괜찮아!"의 느낌으로 얘기할 수 있답니다.

영상(이야기 노래)

I'm So Itchy

by Little Angel

로션 바르기

가려운 연기를 하며 역할놀이를 해요.
서로에게 로션을 발라주며 사회성 발달과
신체 발달을 도와줘요.

정서/사회성 놀이: 목욕 후 **준비물:** 로션

패턴: I need to [행동].

타깃 단어/문장: itchy, scratch, rub, put on

보여주기

I feel so itchy! Itchy, itchy!
너무 가려워! 가려워, 가려워!

I need to scratch! Scratch, scratch!
긁어야 해! 벅벅!

No, no, no! I need to put some lotion on and rub, rub, rub!
안 돼, 안 돼, 안 돼! 로션을 바르고 문질러야 해, 문질문질!

주고받기 & 반복하기

Will you help me with the lotion?
로션 바르는 거 도와줄 수 있니?

Rub, rub, rub.
바르자, 바르자, 바르자.

Lotion makes it go away.
로션을 바르니까 간지럽지 않네?

Will you put lotion on my arm too, please?
팔에도 로션 발라줄 수 있니?

Rub, rub, rub.
바르자, 바르자, 바르자.

Lotion makes it go away.
로션을 바르니까 간지럽지 않네?

로메이징 체크 박스

I need to [행동].

유아기에는 자신의 필요를 자주 표현하는데 이때 자주 사용할 수 있는 패턴입니다. 어린 아기들은 간단하게 "I need more"로 많은 것을 해결할 수 있어요. 배변 훈련 중이라면 "I need to pee" 같은 표현을 알려주고 표현하도록 해보세요.

Need to vs. Have to

학창 시절 'need to'와 'have to'는 항상 함께 외웠던 기억이 있어요. 하지만 'need to'는 내 생각이나 판단에 의해 의지를 가지고 무언가를 해야 할 때 사용하고, 'have to'는 외부적인 이유로 인해 내 의지와 상관없이 해야 할 때 사용해요. 예를 들어, "I need to clean my room because it's too dirty(내 방이 너무 더러워서 치워야 해)"와 "I have to clean my room since my friends are coming soon(친구들이 곧 있으면 오니까 방을 치워야만 해)"는 확실히 다른 이유를 보여주죠.

Lotion vs. Cream

두 단어 모두 피부에 바르는 제품을 의미하지만, lotion은 더 가볍고 액체에 가까운 제형으로, 피부에 빠르게 흡수되고 넓은 부위에 사용할 때 좋아요. cream은 더 두껍고 진한 제형으로, 보습력이 강해요.

Scratch vs. Scrape

scratch는 가려운 부위를 긁는 행동을 말해요. 가려운 걸 없애려고 피부를 긁는 것이죠. 반면에, scrape는 피부가 마찰로 인해 벗겨지거나 상처가 나는 걸 의미해요. 예를 들어, 'I need to scratch my arm because it's itchy(팔이 가려워서 긁어야 해)'와 'I scraped my knee when I fell(넘어졌을 때 무릎이 까졌어)'처럼 사용돼요.

영상(이야기 노래)

Poo Poo Song

by Juny Tony

휴지 응아

휴지로 응아를 만들고
노래에 나오는 표현을 활용해보세요.

소근육 놀이: 놀이 시간, 배변 훈련 시 준비물: 두루마리 휴지
패턴: How about you try [행동ing]?
타깃 단어/문장: make, scrunch, tear, put into, flush away

보여주기

I'm going to make poo-poo with the toilet paper.
I scrunch it and now it's poo-poo!
I tear it into strips and now it's pee-pee!

I put them into the toilet and flush them away.
Bye, poo-poo and pee-pee!

엄마가 휴지로 응가를 만들어볼 거야.
엄마가 휴지를 구겼더니 응가가 됐네!
엄마가 휴지를 길게 찢었더니 쉬야가 됐네!
엄마가 이걸 변기에 넣고 물을 내린다.

안녕, 응가와 쉬야!

주고받기 & 반복하기

Now, you're going to make poo-poo and pee-pee.
How about you try scrunching it?

이제 네가 응가랑 쉬야를 만들어볼거야.
네가 휴지를 구겨볼래?

You made poo-poo! Say, 'poo-poo'.	네가 응가를 만들었어! '응가'라고 말해 봐.
How about you try tearing it?	네가 휴지를 찢어볼래?
You made pee-pee! Say, 'pee-pee'.	네가 쉬야를 만들었어! '쉬야'라고 말해 봐.
How about you try putting them into the toilet?	네가 휴지를 변기에 넣어볼래?
Nice work!	잘했어!
How about you try flushing them away?	네가 물을 내려볼래?
Great job!	잘했어!

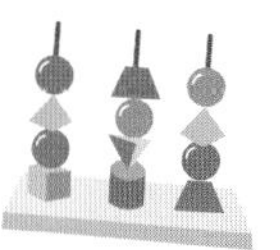

로메이징 체크 박스

How about you try [행동ing]?

아이들은 경험을 쌓아가고 성장하는 단계이기 때문에 부모가 새로운 행동을 제안하거나 권유할 때가 많아요. 이 패턴은 부드럽게 제안하는 어조라서 아이들이 부담 없이 새로운 행동에 도전해볼 수 있어요.

Try [행동ing] vs. Try to [행동]

학창 시절부터 헷갈리는 문법 중 하나였죠. 언제 'ing'를 써야 하고 언제 'to 동사원형'을 사용해야 할까요? 'try [행동ing]'는 행동을 시도해보는 것 자체에 초점을 두고 'try to [행동]'은 목표를 달성하기 위해 노력하는 것을 강조해요. "Try scrunching it"은 단순히 "휴지를 구겨봐", "Try to scrunch it"은 "휴지를 구기기 위해 노력해봐"로 후자가 좀 더 목표 달성의 의도를 갖고 있어요.

영상(이야기 노래)

Doctor

by Juny Tony

어디가 아파요?

영상에 나온 표현으로 병원놀이를 하며 증상과 병명을 배우고 사회성을 기릅니다.

정서/사회성 놀이: 키즈카페에서 준비물: 병원놀이 장난감

패턴: I have a [병명].

타깃 단어/문장: runny nose, headache, fever, cough, cold

보여주기

When your tummy's rumbling and you have a stomachache,	배가 꾸륵거리고 배가 아프면,
It's an upset stomach. An upset stomach.	배탈이 난 거란다. 배탈.
When you have a runny nose and your nose is stuffed, it's a cold. A cold.	콧물이 나고 코가 막히면, 감기란다. 감기.
When you have a headache and a fever, it's the flu. The flu.	머리가 아프고 열이 나면, 독감이란다. 독감.

주고받기 & 반복하기

Doctor, my tummy's rumbling and I have a stomachache.	의사 선생님, 배가 꾸르륵거려요. 그리고 배가 아파요.
Is this an upset stomach or a cold? (쉬고)	이게 배탈이 난 건가요 감기인가요?
Ah-ha! It's an upset stomach.	아하! 배탈이 난 거군요.

Doctor, I have a runny nose and my nose is stuffed.	의사 선생님, 콧물이 나고 코가 막혔어요.
Is this a cold or an upset stomach? (쉬고)	이게 감기인가요, 배탈이 난 건가요?
Ah-ha! It's a cold.	아하! 감기군요.
Doctor, I have a headache and a fever.	의사 선생님, 머리가 아프고 열이 나요.
Is this the flu or an upset stomach? (쉬고)	이게 독감인가요, 배탈이 난건가요?
Ah-ha! It's the flu.	아하! 독감이군요.

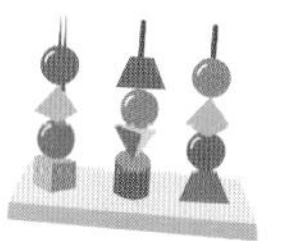

I have a [병명].

이 패턴 하나면 '~가 아파요'는 거의 정복한 거예요. 물론 diarrhea(설사)나 constipation(변비)처럼 'a'가 안 들어가는 것도 있지만요! 병명에 아픈 곳만 바꿔주면 다양한 표현을 할 수 있어요. 특히 24개월부터는 놀이의 꽃인 역할놀이가 시작되는데 이 패턴이 익숙해지면 병원놀이를 할 때 굉장히 유용하게 사용할 수 있을 거예요.

Cold vs. Flu

cold는 감기로 콧물, 코막힘, 목 통증으로 가벼운 호흡기 질환이 있거나 열이 나지 않거나 미열만 있는 반면, flu는 독감으로 훨씬 심한 증상을 보이고 고열, 두통, 몸살 등을 동반합니다. 영어로 표현할 때는 'cold' 앞에는 'a'를 붙여 "I have a cold", 'flu' 앞에는 'the'를 붙여 "I have the flu"라고 말합니다.

영상(이야기 노래)
Lunch Song
by Cocomelon

어떤 도시락 싸왔어?

통에 자신이 좋아하는 음식을 넣고
소개하며 음식의 종류를 배워요.

정서/사회성 놀이: 키즈카페에서 **준비물:** 음식 장난감
패턴: I've got [음식].
타깃 단어/문장: lunch box, hotdog, noodle, chicken, broccoli

보여주기

I've got my lunch box here!	여기 엄마 점심 도시락 갖고 왔어!
Do you want to see what I've got?	엄마가 뭐 싸왔는지 보고 싶니?
I've got a hotdog.	엄마는 핫도그를 싸왔어.

주고받기 & 반복하기

Now, try to pack your lunch box. (쉬고)	이제 네 도시락 싸보렴.
Let's see what you've got!	이제 네가 갖고 온 걸 보자!
You've got noodles!	국수를 갖고 왔네!
What is it? (쉬고) Noodles!	이게 뭐라고? 국수!
I've got a chicken breast and broccoli!	엄마는 닭가슴살과 브로콜리 싸왔어!
What is it? (쉬고) A chicken breast and broccoli!	이게 뭐라고? 닭가슴살이랑 브로콜리!
Let's share them together!	같이 나눠 먹자!

로메이징 체크 박스

I've got [음식].

내가 가진 것을 보여주거나 얘기할 때 유용하게 사용할 수 있는 문장이에요. I have와 의미는 동일합니다. 이 패턴이 익숙해지면 일상생활에서 다양하게 적용이 가능하니 연습해서 내 걸로 만들어주세요.

See vs. Look

see는 무언가를 자연스럽게 인식하거나 확인할 때 사용하고, look은 더 주의 깊게, 의도적으로 보는 행동을 나타내요. "Let's see what you've got"이라고 하면 "네가 뭐 갖고 왔는지 한번 보자"의 뉘앙스로 쓰이고, "Look at what you've got"은 "네가 갖고 온 것 좀 봐봐" 하며 특별히 집중해서 보라는 의미를 담고 있어요. 다른 예로, "I see birds in the sky(하늘에 새가 보여)"는 자연스럽게 보이는 뉘앙스이며, "I am looking at the birds(저 새들을 보고 있어)"는 집중해서 보는 뉘앙스입니다.

Hotdog vs. Corndog

우리나라에서 흔히 먹는 핫도그는 사실 미국에서는 핫도그라고 부르지 않아요. 영어로는 corndog라고 하죠. corndog는 소시지에 반죽을 입혀 튀긴 음식을 말해요. 미국에서 말하는 hotdog는 가운데가 벌어지는 길쭉한 빵 속에 소시지를 넣고, 케첩이나 머스터드를 뿌려 먹는 음식이에요. 즉, 우리나라의 꼬치 핫도그는 영어로 corndog, 빵에 소시지를 넣어 먹는 것이 hotdog랍니다.

Share vs. Divide

두 단어 모두 '나누다'로 외웠지만, 'Share'는 함께 사용하거나 먹는 것을 의미하고, 'Divide'는 물리적으로 나누어 분배하는 것을 뜻해요. 예를 들어, "Let's share the apple."라고 하면 함께 사과를 먹는다는 의미이고, "Let's divide the apple into four pieces."라고 하면 사과를 네 조각으로 자른다는 뜻이에요.

영상(이야기 노래)

Gardening Song

by Cocomelon

식물 성장 과정

바깥에 나가 식물을 만지고 몸으로 표현하며 식물이 자라는 과정의 이름을 배웁니다.

인지놀이: 야외에서

패턴: This is called [식물 성장 과정].

타깃 단어/문장: Seed, sprout, adult plant, bud, flower, fruit

보여주기

Look, this is called a sprout. / 봐봐, 이건 새싹이라고 해.

This is called an adult plant. / 이건 어른 식물이라고 해.

This is called a bud. / 이건 꽃봉오리라고 해.

This is called a flower. / 이건 꽃이라고 해.

This is called a fruit. / 이건 열매라고 해.

These are called seeds. / 이건 씨앗이라고 해.

When you plant seeds, you are going to have fruit again! / 씨앗을 심으면 열매를 다시 얻을 거야!

주고받기 & 반복하기

What is this called? (쉬고) / 이걸 뭐라고 한다고 했지?

These are called (쉬고) seeds. / 이건 씨앗이라고 해.

This is called (쉬고) a sprout. / 이건 새싹이라고 해.

This is called (쉬고) **an adult plant.** | 이건 어른 식물이라고 해.
This is called (쉬고) **a bud.** | 이건 꽃봉오리라고 해.
This is called (쉬고) **a flower.** | 이건 꽃이라고 해.
This is called (쉬고) **a fruit.** | 이건 열매라고 해.

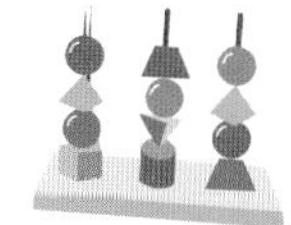

로메이징 체크 박스

This is called [식물 성장 과정].

이 패턴은 이름을 가르쳐줄 때 많이 사용해요. 이 시기는 한창 "엄마, 이게 뭐야?" 하며 단어를 배우는 시기인데요, "이건 ~라고 해"라며 단어를 알려줄 때 유용합니다. 자주 활용하는 문장이니 꼭 기억해두면 좋아요.

Fruit vs. Fruits

fruit는 보통 셀 수 없는 명사로 사용되며 과일의 종류를 통틀어 말하거나 한 종류의 과일을 말할 때 사용해요. "I like fruit"는 특정 과일을 지칭하지 않고 과일 전체를 좋아한다는 의미이고, "Strawberries are my favorite fruit"는 딸기 한 종류만 지칭하고 있기 때문에 fruit를 사용합니다. fruits는 여러 종류의 과일을 말할 때 사용해요. "I bought different fruits"는 다양한 종류의 과일을 샀다는 뜻이에요. 스크립트에서는 a fruit라고 지칭했는데 열매 한 개를 말하고 있기 때문이에요.

영상(이야기 노래)

On the playground

by Mother Goose Club

놀이터 탐방

놀이터의 다양한 기구를 경험해보며 대근육 발달을 돕습니다.

대근육 놀이: 놀이터에서

패턴: Do you want to [행동]?

타깃 단어/문장: Swing, climb, go down, play, ride

보여주기

I want to swing up high. Higher and higher!

엄마 그네 높이 타고 싶어. 높이, 더 높이!

I want to climb the monkey bars. One, two, three, four!

엄마 구름사다리 타고 싶어. 하나, 둘, 셋, 넷!

I want to go down the slide. Whee!

엄마 미끄럼틀 내려가고 싶어. 와아!

I want to play on the seesaw. Up and down, up and down.

엄마 시소 타고 싶어. 위아래, 위아래.

I want to ride the rocking horse. Back and forth, back and forth.

엄마 흔들목마 싶어. 앞뒤로, 앞뒤로.

주고받기 & 반복하기

Do you want to swing up high, too?

우리 아가도 그네 높이 타고 싶니?

Look at you swinging!

우리 아가 그네 잘 타네!

Do you want to climb the monkey bars, too?	우리 아가도 구름사다리 타고 싶니?
Look at you climbing!	우리 아가 구름사다리 잘 타네!
Do you want to go down the slide, too?	우리 아가도 미끄럼틀 내려가고 싶니?
Look at you going down the slide!	우리 아가 정말 잘 내려가네!
Do you want to play on the seesaw, too?	우리 아가도 시소 타고 싶니?
Look at you playing!	우리 아가 정말 시소 잘 타네!
Do you want to ride the rocking horse, too?	우리 아가도 흔들목마 타고 싶니?
Look at you riding!	우리 아가 흔들목마 잘 타네!

로메이징 체크 박스

Do you want to [행동]?

아이들이 자신의 의사를 표현할 때 쓰는 "I want to [행동]" 패턴과 아이의 의사를 물어보거나 제안할 때 쓰는 "Do you want to [행동]?" 패턴은 이 시기에 꼭 익혀야 할 표현이에요. 엄마가 먼저 놀이기구 타는 걸 보여주며 "I want to [행동]"을 모델링해주고, 아이에게 동일한 행동을 "Do you want to [행동]?"으로 제안해보세요. 자연스럽게 아이의 행동을 유도하며 패턴을 이해하고 익숙해질 수 있을 거예요.

Bar vs. Pole

monkey bars에 나오는 bars는 주로 가로 형태의 철봉이나 잡는 손잡이를 뜻하며 세로 형태의 잡는 것은 pole이라고 해요. pole이라는 단어 자체가 세로로 서 있는 기둥을 뜻해요. 우리가 흔히 보는 지하철의 손잡이 기둥도 pole이라고 부르면 됩니다.

영상
Pedro's Cough
by Peppa Pig

기침은 전염돼요

기침은 전염된다는 것을 배우고
기침 예절에 대해 배웁니다.

인지/사회성 놀이: 놀이 시간
패턴: When [조건], [주어] could [결과].
타깃 단어/문장: cough, catch, get

보여주기

When I cough, you could get my cough.
엄마가 기침을 하면, 그 기침이 너한테 갈 수 있어.

When you cough, your little brother could get your cough.
네가 기침을 하면, 그 기침이 네 동생한테 갈 수 있어.

What you have to do is this.
네가 해야 하는 건 이거야.

Cover your mouth with your sleeve when you cough.
기침할 때는 소매로 입을 가리렴.

Or use a tissue.
아니면 휴지를 사용하렴.

주고받기 & 반복하기

Let's try it together!
같이 해보자!

Do you cover your mouth with your sleeve or with your hand?
입을 소매로 가릴까 손으로 가릴까?

With your sleeve!	소매로!
Do you use a tissue or somebody else's hand?	휴지를 쓸까 다른 사람 손을 쓸까?
A tissue!	휴지로!

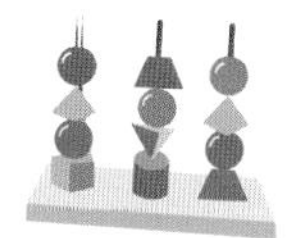

로메이징 체크 박스

When [~], [A] could [~].

이 패턴은 행동과 그에 따라 일어날 수 있는 결과를 말할 때 사용해요. '이렇게 하면, 이렇게 될 수 있어'라는 의미로, 아이가 아직 경험이 부족해 위험에 대해 교육해야 할 때 유용하게 쓸 수 있어요. "When you touch a hot stove, you could burn yourself(네가 뜨거운 가스레인지를 만지면 화상을 입을 수 있어)." "When you don't wear a helmet, you could get hurt(네가 헬멧을 쓰지 않으면 다칠 수 있어)." "When you run on a wet floor, you could slip and fall(네가 물기 있는 바닥에서 뛰면 미끄러져 넘어질 수 있어)."

Cough vs. Sneeze

cough는 목이나 가슴에 가래나 자극이 있을 때 나오는 기침을 의미해요. 반면에, sneeze는 코에 자극이 있을 때 나오는 재채기를 말하죠. 예를 들어, "If you cough a lot, drink some water(기침을 많이 하면 물을 마셔)", "When you sneeze, you should cover your nose and mouth(재채기할 때는 코와 입을 가려야 해)"라고 말할 수 있어요.

그림책
First 100 Words
by Roger Priddy

똑같아요!

그림과 실제 물체를 함께 보여주며
똑같은 사물의 이름을 알려줘요.

인지놀이: 놀이 시간, 간식 시간 **준비물:** 책에 나오는 물건
패턴: This is a [물건]/There are [물건]s
타깃 단어/문장: 바나나, 토마토 외 책에 나오는 물건 단어

보여주기

(그림을 가리키며) These are bananas. — 이건 바나나야.
(물건을 보여주며) **Here is a banana!** — 여기도 바나나가 있네!
(그림을 가리키며) **A banana,** (물건을 가리키며) **bananas!** — 이것도 바나나, 이것도 바나나!
(물건을 그림에 갖다 대며) **They are bananas!** — 모두 바나나들이네!

주고받기 & 반복하기

(그림을 가리키며) These are tomatoes. — 이건 토마토야.
(물건을 보여주며) **Here are tomatoes!** — 여기 토마토가 있어!
(그림을 가리키며) **Tomatoes,** (물건을 가리키며) (쉬고) **tomatoes!** — 토마토, 토마토!
(아이 손으로 물건을 그림에 갖다 대며) **They are tomatoes!** — 토마토들이야!

로메이징 체크 박스

This is a [물건].

아주 기본적인 표현이지만 아이들과 상호작용 시 많이 쓰는 패턴입니다. 영어 노출이 없었던 아이들이라도 손가락으로 가리키며 이 패턴을 여러 번 사용해주면 금방 이해하고 배울 수 있어요.

셀 수 있는 음식 vs. 셀 수 없는 음식

셀 수 있는 음식: 개수를 셀 수 있는 음식으로, 주로 개별적인 조각이나 덩어리로 존재하는 음식이 이에 해당돼요. apple(사과), sandwich(샌드위치), hotdog(핫도그) 같은 음식은 하나, 둘, 셋으로 셀 수 있어요. 복수형을 나타낼 때는 일반적으로 뒤에 's'를 붙이죠.

- I have two apples. (사과 두 개가 있어.)

셀 수 없는 음식: 양을 셀 수 없는 음식들로, 복수형이 없고 a나 an 같은 관사도 사용할 수 없어요. 액체나 곡물처럼 개별적으로 셀 수 없는 음식들이 여기에 해당해요. water(물), rice(쌀), bread(빵), cheese(치즈) 같은 것들이 있어요. 이러한 음식은 보통 some이나 a lot of 같은 표현을 사용해 양을 나타내요.

- I have some rice. (나는 쌀이 좀 있어.)

바나나의 다양한 단위

스크립트에서는 'a banana'라고만 표현했지만, 다양한 방법으로 바나나를 표현할 수 있어요.

- A slice of banana: 바나나를 칼로 얇게 썰어낸 조각을 가리킬 때 사용하는 표현이에요.
- A chunk of banana: 바나나를 크게 뗀 덩어리를 가리킬 때 사용하는 표현이에요.
- A bunch of bananas: 여러 개의 바나나가 달려 있는 한 묶음을 말할 때 사용해요.

그림책
Tickle
by Leslie Patricelli

간지럼쟁이

간지럼 놀이를 하며 관련된 표현을 배우고 양육자와의 유대관계를 촉진시켜요.

정서/사회성 놀이: 취침 시간 전
패턴: I'm going to tickle [신체부위].
타깃 단어/문장: tickle, body, neck

보여주기

Tickle attack! Tickle, tickle!
I am a tickle monster!
I'm going to tickle your body!
I'm going to tickle your neck!

간지럼 공격! 간질, 간질!
나는 간지럼 괴물이다!
몸을 간지럽혀야겠다!
목을 간지럽혀야겠다!

주고받기 & 반복하기

You're the tickle monster this time.
Tickle me!
Oh no, you're tickling my body!
Oh no, you're tickling my neck!

이번에는 네가 간지럼 괴물이야.
엄마 간지럽혀봐.
안 돼! 네가 엄마 몸을 간지럽히고 있어!
안 돼! 네가 엄마 목을 간지럽히고 있어!

로메이징 체크 박스

I'm going to tickle [신체 부위].

아이들에게 신체 부위를 알려줄 수 있는 여러 가지 패턴이 있는데 그중 하나예요. 간지럼 놀이를 하면서 신체 부위를 자연스럽게 언급하고 놀이를 통해 영어를 배우는 기회를 제공할 수 있어요. 예를 들어, "I'm going to tickle your toes(네 발가락을 간지럽힐 거야)!"처럼 다양한 부위를 말하면서 아이들은 새로운 단어를 듣게 되고, 그 단어가 가리키는 신체 부위를 쉽게 연결하게 됩니다.

이 패턴은 단순히 신체 부위를 외우는 것보다 훨씬 더 효과적인데, 아이들이 즐거운 놀이 속에서 배우기 때문이에요. 웃고 장난치며 배우면, 단어를 더 오래 기억하고 학습이 부담스럽지 않아요. 또한 여러 신체 부위를 바꿔가며 다양하게 적용할 수 있어 반복 학습에 유리하고, 아이들의 집중력을 높일 수 있어요.

Tickle vs. Poke

tickle은 간지럼을 태우는 것이고 poke는 손가락으로 특정 부분을 콕콕 찌르는 행동을 뜻해요. tickle은 웃음을 유도하는 상황에서 사용하는 반면 poke는 주의를 끌거나 가볍게 건드릴 때 사용하죠. 이 두 가지를 비교한 이유는 poke를 사용해서도 신체 부위를 알려줄 수 있기 때문이에요. "I'm going to poke your belly(네 배를 콕 찔러야겠다)"처럼 다양한 신체 부분을 넣어 놀이처럼 알려줄 수 있답니다.

Tickle vs. Tackle

tickle과 굉장히 비슷하게 생긴 tackle이란 단어는 전혀 다른 뜻을 가지고 있습니다. 축구 경기에서 흔히 '태클 건다'라는 말을 들어봤을 거예요. 바로 그 뜻입니다. 누군가를 막기 위해 그 상대를 넘어뜨리거나 붙잡아 제압하는 행동을 의미하죠. 아이들과 놀때는 "Let's tackle this big pillow together(우리 이 큰 베개를 같이 넘어뜨려 보자)" 하며 tackle을 사용할 수도 있답니다.

그림책
Peek A Who?
by Nina Laden

봤어?!

장난감 하나를 빠르게 또는 느리게 보여주고 맞춰보며 아이의 관찰력 집중력을 향상시켜요.

인지놀이: 공공장소에서 기다릴 때
패턴: It's going to be [속도].
타깃 단어/문장: fast, slow

보여주기

Open your eyes wide and see what it is.	눈을 크게 뜨고 이게 무엇인지 맞춰봐.
It's going to be very fast.	아주 빠르게 지나갈 거야.
Ready? Boo!	준비됐니? 짠!
Did you see it? (쉬고)	무엇인지 봤니?
It was a stone! Stone!	바둑돌이었어! 바둑돌!

주고받기 & 반복하기

One more time!	한번 더!
It's going to be very fast again.	다시 아주 빠르게 지나갈 거야.
Ready? Boo!	준비됐니? 짠!
Did you see it?	무엇인지 봤니?
(아이 응답 후) **That was close.**	거의 맞췄어.

It's going to be slower this time. 이번에는 더 천천히 지나갈 거야.

Did you get to see it? 볼 수 있었니?

(아이 응답 후) **There you go. It was toilet paper! Toilet paper!** 그렇지. 휴지였어! 휴지!

로메이징 체크 박스

It's going to be [속도].

'It's going to be [형용사]' 형태는 곧 일어날 일을 미리 말해 아이들이 준비하도록 하거나 설명할 때 유용하게 사용할 수 있어요. 이 놀이 방법에 대해 설명할 때 "It's going to be fast(무척 빠를 거야)"로 사용했지만, 일상생활에서는 큰 소리가 나기 전에 "It's going to be loud(시끄러울 거야)" 또는 밤에 불 켜기 전에 "It's going to be very bright(무척 밝을 거야)"처럼 사용할 수 있어요.

Toilet paper vs. Tissue vs. Napkin

우리나라에서는 크게 구분하지 않고 화장지를 사용하는 반면 미국에서는 용도에 따라 다른 종류를 사용해요. toilet paper는 주로 화장실에서 사용하는 얇고 부드러운 휴지로 두루마리 형태로 되어 있어 원하는 길이만큼 잘라서 사용하죠. tissue는 코를 풀거나 얼굴을 닦는 데 사용하는 일회용 휴지입니다. 휴대용 팩이나 박스 형태로 제공되고 주로 테이블 위에 올려놓죠. napkin은 식사할 때 사용하는 휴지 또는 천입니다. 입이나 손을 닦을 때 사용하죠. 천으로 된 냅킨의 경우, 여러 번 사용할 수 있도록 세탁이 가능하고 음식을 옷에 흘리지 않도록 하기 위해 사용하기도 합니다.

그림책
Where's Mrs. Ladybug?
by Ingela P. Arrhenius

곤충이 되어보자!

신체를 활용해 곤충을 표현하고,
곤충에 대한 지식을 확장시켜요.

대근육 놀이: 놀이 시간, 자연에서 놀 때
패턴: Watch me [행동ing].
타깃 단어/문장: caterpillar, bee, Snail, ladybug

보여주기

Watch me wiggle like a caterpillar.

엄마가 애벌레처럼 꿈틀꿈틀 움직이는 것 좀 봐.

Watch me fly like a bee.
Watch me crawl like a snail.
Watch me sit like a ladybug.

엄마가 벌처럼 나는 것 좀 봐.
엄마가 달팽이처럼 기어가는 것 좀 봐.
엄마가 무당벌레처럼 앉아 있는 것 좀 봐.

주고받기 & 반복하기

Now, Show me your wiggling!

이제 네가 꿈틀거리는 거 보여줘!

(아이가 따라 할 때) **Wiggle wiggle.**
Show me your flying!
(아이가 따라 할 때) **Buzz.**
Show me your crawling!
(아이가 따라 할 때) **Crawl, crawl.**

꿈틀꿈틀.
네가 나는 걸 보여줘!
위이잉.
네가 기어가는 걸 보여줘!
쓱쓱.

Show me your sitting!	네가 앉는 걸 보여줘!
(아이가 따라 할 때) **I love it!**	잘했어!

로메이징 체크 박스

Watch me [행동].

아이들에게 무언가를 보여줄 때는 look이나 watch를 써요. look은 특정 방향이나 대상에 시선을 돌리라는 느낌이라면 watch는 좀 더 주의 깊게 관찰하는 느낌이에요. 아이에게 새로운 스킬을 알려줄 때 이 패턴을 유용하게 사용할 수 있어요. 자전거를 알려줄 때 "Watch me pedaling(엄마가 페달 밟는 걸 봐)" "Watch me balancing on the bike(엄마가 자전거에서 균형 잡는 걸 봐)"처럼요.

Crawl(on all fours) vs. Crawl(on your belly)

네 발로 길 때와 배를 땅에 대고 길 때 모두 crawl를 사용합니다. 그래서 "The baby is crawling across the room(아기가 네 발로 방을 기고 있어)"처럼 아기가 네 발로 길 때도 crawl을 사용하고, "The soldier is crawling on his belly under the fence"처럼 군인이 배를 대고 포복하는 것도 crawl을 쓰면 된답니다.

Fly vs. Flap vs. Glide

새처럼 나는 동물이나 곤충을 표현할 때 fly를 많이 씁니다. fly와 관련한 단어인 flap과 glide입니다. flap은 새가 날개를 위아래로 빠르게 움직이는 동작을 말해요. 또 다른 단어 glide는 새가 날개를 펼친 채 공중을 부드럽게 미끄러지듯 나는 동작을 의미해요. 두 단어를 함께 사용하면 표현이 더욱 풍성해져요.

그림책
Little Owl Lost
by Chris Haughton

엄마 찾기

색종이를 펼쳐놓고 같은 색과 패턴을 찾아봐요. 36개월 이상 아이들은 누가 먼저 많이 모으나 시합해보세요!

인지놀이: 만들기 시간 전 **준비물:** 양면 색종이 또는 패턴 색종이
패턴: These two have the same [같은 것].
타깃 단어/문장: floral, checkerboard, polka-dotted

보여주기

We have paper with a variety of patterns.
우리 다양한 패턴 종이가 있어.

These two have the same floral pattern. They are a family.
이 두 개의 종이는 똑같은 꽃무늬네. 얘네는 가족이야.

These two have the same checkerboard pattern. They are a family.
이 두 개의 종이는 똑같은 체크무늬네. 얘네는 가족이야.

These two have the same polka-dotted pattern. They are a family.
이 두 개의 종이는 똑같은 물방울무늬네. 얘네는 가족이야.

주고받기 & 반복하기

(색종이 하나를 들고) Now, he is lost. Where's his mommy?
자, 얘가 길을 잃어버렸어. 얘 엄마는 어디 있지?

(다른 색종이를 들고) **Is this his mommy?**
이게 얘 엄마니?

No, she must be polka-dotted. This is not his mommy.

(같은 색종이를 들고) **Is this his mommy?**

Yes, she's polka-dotted. This is his mommy!

아니에요, 얘 엄마는 물방울무늬여야 해요. 이 분은 얘 엄마가 아니에요.

이게 얘 엄마니?

네, 이 분은 물방울무늬네요. 이 분은 얘 엄마가 맞아요!

로메이징 체크 박스

These two have the same [같은 것].

두 사물의 공통점과 차이점을 찾는 놀이는 이 시기 아이들의 인지 발달을 도와줘요. 이 패턴을 통해 두 물체의 동일한 점을 찾아보며 유사성을 인식하고 분류하는 능력을 키워주세요. 색, 무늬, 크기 등 다양한 특성을 비교하며 아이들의 관찰력에도 도움을 줄 수 있답니다.

Must = ~해야만 한다?

학창 시절 우리가 외웠던 must의 뜻은 의무나 필요를 나타내는 '~해야만 한다'지만, 실생활에서는 '~일 것이다'의 강한 확신의 의미로도 많이 사용해요. 예를 들어 "She must be tired after working all day(하루 종일 일했으니 그녀는 분명 피곤할 거야)." 또는 아이가 자꾸 와서 안기고 칭얼댈 때 "You must be sleepy(우리 아기 졸리구나)."같이 사용할 수 있어요.

그림책

Maisy's House

by Lucy Cousins

~할 시간이야!

하루 일과를 역할놀이로 표현하며
상상력을 키우고 시간 개념을 배워요.

인지놀이: 일과 시간, 역할놀이 시간

준비물: 이불, 칫솔, 책가방, 음식 모형 등 일상 물건들

패턴: It's time to [행동].

타깃 단어/문장: wake up, have breakfast, brush, go to daycare

보여주기

(책 그림을 보여주며) Let's see what Maisy does daily.	메이지가 매일 뭐 하는지 보자.
Maisy wakes up.	메이지가 일어났어.
Then, she brushes her teeth.	그러고 나서 이를 닦아.
She has breakfast.	아침밥을 먹어.
She paints a picture.	메이지가 그림을 그리네.

주고받기 & 반복하기

Now, we're going to follow Maisy!	이제 우리 메이지를 따라 할 거야.
It's time to wake up!	일어날 시간이야!
It's time to have breakfast!	아침 먹을 시간이야!
It's time to brush your teeth!	이 닦을 시간이야!
It's time to go to daycare and paint a picture!	어린이집에 가서 그림을 그릴 시간이야!

로메이징 체크 박스

It's time to [행동].

이 패턴은 특정 행동을 시작할 때 사용해요. 특히 시간 개념을 배워야 하는 아이들에게 적당한 표현이죠. 하루 일과나 루틴을 알려줄 때 유용하게 사용할 수 있어요. 이 패턴을 사용하며 아이들은 일정한 시간에 맞춰 움직이는 습관을 익히게 될 거예요.

Go to daycare vs. Go to the daycare

'go to daycare'는 어린이집에 가는 걸 설명할 때 사용해요. "On weekdays, kids go to daycare(주중에 아이들은 어린이집에 가요)"처럼요. 'go to the daycare'는 특정한 어린이집, 즉 아이가 다니는 어린이집에 가는 걸 말해요. "Where is the daycare located(어린이집 어디에 있어)?"처럼요.

Wake up vs. Get up

wake up과 get up은 모두 아침에 일어나는 것과 관련 있지만 뜻이 약간 다릅니다. wake up은 잠에서 깨는 순간을 말해요. 아직 침대에 누워 있지만, 의식이 돌아와 눈을 뜨고 잠에서 깨어난 상태죠. 반면 get up은 잠에서 깬 후 침대에서 일어나는 동작을 의미해요. "I usually wake up at 7 a.m., but I don't get up until 7:30(나는 보통 7시에 잠에서 깨지만, 7시 30분까지는 침대에서 일어나지 않아)." 이 예문을 보면 차이를 알겠죠? 이제부터 명확한 차이를 알고 사용해봐요!

Picture vs. Photo

'Photo'는 사진기나 스마트폰으로 찍은 사진을 뜻하고, 'Picture'는 사진뿐만 아니라 그림이나 이미지까지 포함해요. 예를 들어, "Let's take a photo!"라고 하면 함께 사진 찍자는 뜻이고, "Let's draw a picture of a cat."라고 하면 고양이 그림을 그리자는 의미예요.

그림책

More Ice Cream, Please!

by Liza arlesworth

아이스크림 주세요!

집게나 숟가락, 젓가락 등 소근육 발달에 맞는 도구를 활용해 동그란 공 모양을 통에 옮기고 숫자를 세어요.

소근육 놀이: 놀이 시간 **준비물:** 통, 집게, 포일

패턴: I will [행동].

타깃 단어/문장: make, scrunch, move, eat

보여주기

I will make some ice cream.	엄마가 아이스크림을 만들 거야.
First, I will scrunch the foil.	먼저 엄마가 포일을 구길 거야.
Then, I will move them with the tongs.	그러고 나서 엄마가 집게로 옮길 거야.
Now, I will eat them all.	이제 엄마가 이걸 다 먹을 거야.
One, two, three, four, five scoops!	하나, 둘, 셋, 넷, 다섯 스쿱!

주고받기 & 반복하기

Will you make some ice cream, too?	너도 아이스크림 만들래?
Scrunch, scrunch, scrunch the foil.	포일을 구겨, 구겨, 구기자.
What do we do? (쉬고)	우리가 뭘 한다고?
Scrunch!	구겨!
Move, move, move the ice cream.	아이스크림을 옮겨, 옮겨, 옮겨.
What do we do? (쉬고)	우리가 뭘 한다고?

Move!	옮겨!
Eat, eat, eat the ice cream.	아이스크림을 먹어, 먹어, 먹어.
What do we do? (쉬고)	우리가 뭘 한다고?
Eat!	먹어!
Count one, two, three, four, five!	하나, 둘, 셋, 넷, 다섯, 세보렴!

로메이징 체크 박스

I will [행동].

이 패턴은 '엄마 [행동]할 거야'로 아이들에게 엄마가 뭘 할 것인지 계획이나 의도를 얘기할 때 유용하게 쓸 수 있어요.

Eat vs. Taste

eat는 일반적으로 먹는 걸 나타내고, taste는 맛을 보기 위해 적은 양을 시도하는 행위를 나타내요. 순서를 정리하면 맛을 보는 taste가 먼저 오고 그다음 먹는 eat가 오겠죠. 아이들에게도 항상 eat만 사용하기보다는 상황에 맞게 taste와 eat를 분리해서 사용해보세요. 아이의 어휘력을 향상시킬 수 있을 거예요.

PLAY

로메이징 유아 영어 패턴 놀이집 100

CHAPTER 1.

우리 집 발화 촉진 커리큘럼 만들기

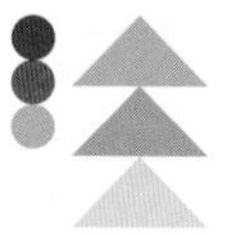

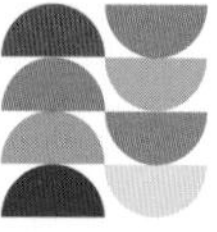

Step 1: 주제 정하기

이제 아이의 영어 발화를 촉진하는 탄탄한 커리큘럼 만드는 방법을 알려드릴게요. 전 세계의 영어 유치원이나 영어 센터에서 수업을 계획하는 방법을 바탕으로 집에서도 쉽게 따라 할 수 있도록 만들었어요. 우리 아이만의 커리큘럼을 만들어보는 건 물론 실제 다른 아이를 가르칠 수도 있을 거예요. 이 방법은 바로 수업에 활용할 수 있을 만큼 촘촘하고 난이도 있는 방식이기 때문에 우리 집만의 커리큘럼을 만들기보다는, 바로 따라할 수 있는 실천 파트를 선호하시는 분들은 이 부분을 건너뛰고 160페이지로 이동하셔도 좋습니다.

전체적인 계획이 있으면 확실히 아이의 영어교육에 더 민감해지고 꾸준하게 지속할 수 있는 원동력이 되죠. 저는 원래 계획 없이 즉흥적으로 하는 것을 좋아하는데 계획을 세우지 않으면 규칙적이지 않고 영어 그림책 한 권 읽기도 어려운 날이 많더라고요. 그래서 '이번 주에는 꽃에 대해 얘기해야겠다'처럼 간단하게라도 계획을 세우려고 노력해요. 계획을 촘촘히 짜든 큼직한 틀만 정해놓든 상관없으니 어떤 계획이라도 세우고 그 안에서 유연성을 발휘해주면 좋아요.

가장 먼저 정해야 하는 건 주제입니다. 주제는 대주제와 소주제로 나뉘는데, 일반적으로 대주제는 월 단위로 지정하고 소주제는 2주 단위로 지정해요. 예를 들어 이번 달의 주제를 Body Parts(신체 부분)로 정했다면 1, 2주차는 얼굴, 3, 4주차는 몸을 다루는 게 되는 거죠. 처음에는 2주 단위로 주제를 정해서 하다가 아이가 스케줄에 익숙해지고 조금 지루해하면 1주 단위로 주제를 변경해주세요.

앞서 말했듯 주제는 아이가 자신과의 연관성을 느낄 수 있도록 자주 보거나 생활에 관련된 주제로 정하는 게 좋아요. 0~12개월을 예로 들면, 이 시기에 가장 연관성 있는 주제는 바로 주변에서 자주 보이는 물건이나 엄마, 아빠가 되겠죠.

영유아 영어 대주제 예시

생활: Body parts(신체 부분), My family(우리 가족), House(집), Things around me(내 물건), Bath time(목욕 시간), Mealtime(식사 시간), Bedtime(취침 시간), Clothing(의류)

환경: Daycare(어린이집), Playground(놀이터), Supermarket(슈퍼마켓), Things that go(탈것), Community helpers(우리 동네 지킴이)

학습: Food(음식), Animals(동물), Plants(식물), Weather(날씨), Nature(자연), Seasons(계절), Holidays(기념일)

Step 2: 베이스 정하기

그다음 주제에 맞게 커리큘럼의 베이스가 될 만한 책, 노래, 영상 중 하나를 골라요. 여기서부터 고려해야 할 점은 아이의 영어 레벨과 발달이에요. 영어를 처음 접하는 30개월 아기에게 긴 글밥의 책을 읽어줄 수 없고, 6개월 아기에게 영상을 보여줄 수는 없겠죠? 그림책, 노래, 영상에도 종류가 나눠집니다. 아이 레벨과 발달에 맞는 베이스를 정할 때 아래 정리표를 참고하면 도움이 될 거예요.

그림책

1. 단어 책: 주제별 단어 모음집

100 First Animals by DK	Lift-the-Flap First 100 Words	Little Baby Learns: Farm	First 100 Words Priddy Baby

2. 조작 책: 플랩, 그림자 찾기 등 아이가 조작할 수 있는 그림책

Chirp! Chirp! I'm a Chick!	Peekaboo Dog by Nosy Crow	Let's Poop! Potty Training with Surprises	Diggers: Trucks, Diggers, and Cranes on the Go!

3. 오감 책: 사운드북, 촉감북, 향기 나는 책 등 오감을 사용하는 그림책

Baa Quack Moo	Baby Touch: Get Dressed	Swim, Splash, in the Sea! Let's Listen in the Ocean!	Noisy First Words

4. 너서리라임 책: 영어 동요 가사를 실은 그림책

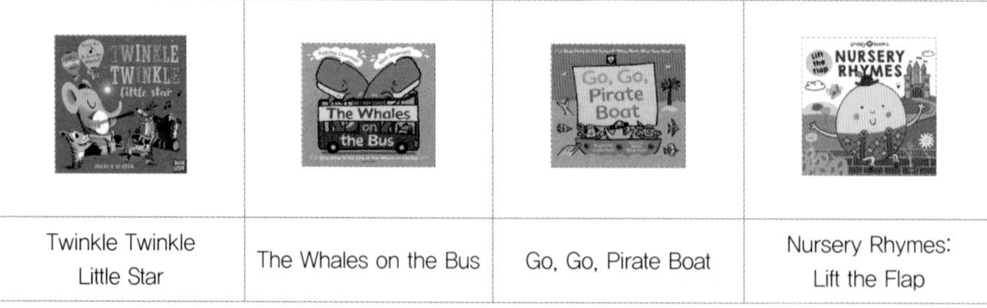

Twinkle Twinkle Little Star	The Whales on the Bus	Go, Go, Pirate Boat	Nursery Rhymes: Lift the Flap

5. 팝업 책: 책을 펼쳤을 때 입체 그림이 나오는 그림책

Charlie Chick: A Pop-Up Book	The Colour Monster: A Pop-Up Book	Maisy's House and Garden	Color Surprises: A Pop-Up Book

6. 일반 보드 책: 두꺼운 재질로 만들어진 그림책

My Animal World	Maisy's Fire Engine	Foodie Faces	Mommy by Leslie Patricelli

7. 헝겊 책: 천으로 만들어진 부드러운 그림책

Playtime Baby: A Cloth Book	Baby Bear, Baby Bear, What Do You See? Cloth Book	The Very Hungry Caterpillar: Let's Count	Sloth, Hurry Up!: A Taggies Adventure

8. 상호작용 책: 책과 독자가 상호작용할 수 있는 그림책

Don't Push the Button!	Press Here	Tap the Magic Tree	Bunny Slopes

9. 시리즈: 하나의 캐릭터로 다양한 스토리가 있는 시리즈물

Maisy's First Experiences Collection	Spot's Story Collection	Leslie Patricelli's Baby Board Books Collection	Peppa Pig: My Best Little Library

10. 놀이 책: 피규어나 장난감, 종이 인형, 손가락 인형 등 놀이하며 읽을 수 있는 책

Maisy's House	Bluey: Tattle Tales	I Am Little Fish! A Finger Puppet Book	Playtown: Puzzle Play Set

11. 일반 스토리북: 페이퍼로 된 일반 이야기 그림책

Pip and Posy Series	Todd Parr Series	Biscuit Storybook Collection	You Are (Not) Small Boxed Set

노래

단어 노래: 단어로만 이루어진 노래

예 Butterfly, Ladybug, Bumblebee, Roly Poly, Baby shark, Head, Shoulders, Knees, And Toes

패턴 노래: 같은 문장 구조가 반복되는 노래

예 My Teddy Bear, Clean Up, This Is The Way Open Shut Them, If You're Happy, There's A Hole In The Bottom Of The Sea, Me!, Let's Go To The Zoo

질문, 대답 노래: 한 노래 안에서 질문하고 답하는 노래

예 Can You Wash Your Hair?, Do You Like Broccoli?, Finger Family, Who Took The Cookie?

스토리 노래: 이야기가 담긴 노래

(예) Five Little Ducks, Jack and Jill, Once I Caught A Fish Alive, Five Little Monkeys

영상 채널

상호작용: 실제 사람 또는 캐릭터 주인공이 아이들과 대화하듯이 얘기하며 반응을 유도하는 영상

(예) Ms. Rachel, Super Simple Play with Caitie, Blue's Clues, Blippi, Meekah

Ms. Rachel–Toddler Learning Videos	Super Simple Play with Caitie!	Blue's Clues & You	Blippi	Meekah

이야기 영상: 캐릭터의 일화를 통해 배울 수 있는 애니메이션 영상

(예) Peppa Pig, Daniel Tiger's Neighbourhood, Caillou, Carl's Car Wash, Bluey, Paw Patrol

Peppa Pig	Daniel Tiger's Neighbourhood	Caillou - Wild Brain	Carl's Car Wash	Bluey–Official Channel

Paw Patrol Official & Friends

설명 영상: 하나의 개념에 대해 설명하는 영상

예 Scishow Kids, Juny Tony Why 시리즈

Scishow Kids	Juny Tony Why 시리즈

'베이스 정하기' 순서 예시

① 'Body parts'로 주제를 정한다.

② '노래'를 베이스로 한다.

③ 구글이나 유튜브에 'Songs about body parts for kids'라고 검색한다.

* 영어 검색어는 '(베이스) about (주제) for kids'라고 검색해보세요.

예 Books about summer for kids

④ 영어 인생 3개월차인 우리 아이의 영어 레벨을 고려해 단어만 반복되는 Head, Shoulders, Knees, and Toes로 정한다.

Step 3:
타깃 단어와 문장 정하기

주제와 베이스를 정했으면 2주 동안 집중적으로 노출해줄 타깃 단어와 문장을 베이스에서 뽑아내요. 핵심 단어 4~8개와 여러 번 반복되는 패턴 문장 1개를 골라주면 끝! 예를 들어, 다양한 신체 부분이 나오는 슈퍼심플송의 'Me!'를 베이스로 선정했어요.

가사: This is my head, These are my eyes, This is my nose, These are my ears-

패턴 문장: This is my [ ], These are my [ ]

타깃 단어: head, eyes, nose, ears

이렇게 정할 수 있겠죠. 그럼, Head, Shoulders, Knees, and Toes 같은 노래를 베이스로 정한다면 노래 내에 뽑아낼 수 있는 문장이 없는데 어떻게 해야 할까요? 이때는 '자주 사용하는 패턴 문장'을 활용해보세요. 이 중에서 타깃 단어 어떤 것을 넣어도 말이 될 만한 'I have~' 같은 패턴 문장을 사용하는 거예요.

I have a head.

I have shoulders.

I have knees.

I have toes.

핵심 패턴 문장

핵심 패턴 문장은 세 가지 형태가 있어요. 고정 패턴 문장, 단일 패턴 문장, 복합 패턴 문장이죠. 난이도를 따지면 ①문장에 변함이 없는 고정 문장이 가장 쉽고, ②문장에서 한 부분만 타깃 단어로 바뀌는 단일 패턴 문장이 그다음, ③문장에서 두 개 이상이 바뀔 수 있는 복합 패턴 문장이 가장 어려워요.

고정 문장 예 Copy me! Let's go!

단일 패턴 문장 예 This is daddy/mommy/you.

복합 패턴 문장 예 Daddy's cleaning the room./Mommy's washing the dishes.

영어가 익숙하지 않을 때는 고정 패턴 문장 위주로 노출하다가 점차 단일 패턴 문장, 복합 패턴 문장 순서로 확장해주면 돼요.

이 챕터를 마무리하기 전에 강조하고 싶은 것은 타깃 단어와 문장을 설정하는 것은 다음을 위해서가 아니라는 거예요.

① 아이가 이 단어를 말해서 아웃풋이 꼭 나오게 한다. (X)

➡ 엄마가 반복적으로 노출해준다는 데 의의가 있다. (O)

② 타깃으로 지정한 단어와 문장만 얘기해야 한다. (X)

➡ 커리큘럼을 진행하는 시간과 실생활에서 집중적으로 사용해주되 로봇처럼 그 말만 반복하는 것은 아니다. (O)

Step 4: 레이어(layer) 정하기

커리큘럼의 기초가 될 베이스를 정했으면 그 위에 옷을 입혀야 해요. 그 옷을 '레이어'라고 할게요. 레이어는 베이스를 제외한 그 외 모든 방법이 될 수 있어요. 노래를 베이스로 정했다면 책, 영상, 놀이, 일상 대화, 워크지, 플래시카드 등이 레이어가 될 수 있죠.

주제: Body Parts

베이스: 노래 Head, Shoulders, Knees, and Toes

레이어1: 책 《From Head to Toe by Eric Carle》

레이어2: 플래시카드 '아이와 플래시카드 벽에 붙이기'

레이어3: 놀이 '신체 마사지하기'

레이어4: 워크지 '신체 부분 선 긋기 활동지하기'

연결고리 만들기

베이스와 레이어가 밀접하게 연관되어 있으면 좋지만 그런 레이어를 찾기 어려울 때도 많아요. 그럴 때는 아주 작은 것이라도 좋으니 소소한 연결고리를 만들어주세요. 예를 들어, 비슷한 내용을 다루는 책이 집에 없다면 한국어 책을 활용해도 좋아요. 사람 전신 그림이 나오는 책을 펼쳐놓고 패턴 문장과 타깃 단어를 얘기해주면 훌륭한 레이어로 활용할 수 있어요. 신발 종류에 대한 영상을 베이스로 삼았는데 마땅한 원서 레이어가 없는 경우의 예를 볼게요.

책: 『꼬마 요정과 구둣방 할아버지』 한글 책

패턴 문장: These are called-

타깃 단어: boots, sneakers, sandals, high-heels, flats

방법: 한글 책에 나온 그림만 가리키며 문장 말해주기

만약《I'm Not Scared》라는 책을 베이스로 삼았는데 노래 레이어가 마땅한 게 없어요. 그럴 경우, 책 베이스에서 뽑은 단어와 문장을 알고 있는 멜로디에 넣어 개사를 해주면 또 다른 훌륭한 레이어가 탄생하죠. '동물의 집'에 대한 영상을 베이스로 삼았는데 마땅한 노래 레이어가 없는 경우의 예를 볼게요.

원곡 가사: Finger Family

Daddy finger, daddy finger, where are you? Here I am, here I am, how do you do?

패턴 문장: Where do you live? I live in a~

타깃 단어: Bird nest, Pig sty, Spider web, Bee hive 개사

개사: Dear. Bird, Dear. Bird, Where do you live? In a nest, in a nest, I live in a nest.

Step 5:
목표 정하기

이 모든 걸 정했다면 이제 목표만 정하면 끝! 책 2권 읽기, 단어 3개 마스터하기, 문장 10번 사용해주기 등과 같은 정량적인 목표도 좋고 북극곰에 대해 알아보기, 대근육 강화시키기 같은 정성적인 목표도 좋아요. 매일의 목표를 정해도 좋고 일주일 또는 한 달의 목표도 좋아요. 저는 일주일 단위로 목표를 잡아놓고 그 안에서 유연하게 바꾸는 걸 좋아하는데 이 부분은 엄마의 성향에 따라 선택해보세요. 물론 동기부여를 위해서는 정량적이고 작은 목표를 세워 자주 성취감을 느끼는 것이 좋겠죠?

목표 정하는 순서

① 아이의 전체 영어 노출 시간 파악하기

- 외부에서 받는 아이의 영어 노출 시간(어린이집/유치원 영어 수업, 영어센터 등)
- 가정 내 부모가 개입하지 않는 영어 노출 시간(영상 시청, 패드 학습)
- 가정 내 부모가 개입하는 영어 노출 시간(영어 그림책, 놀이, 노래, 대화 등)

② '가정 내 부모가 개입하는 영어 노출 시간' 세부 계획 및 목표 세우기

- 정량적인 목표: 수치 및 횟수, 양으로 표현할 수 있는 목표

예) 책 3권/1주, 놀이 1번/1일

- 정성적인 목표: 양적으로 표현할 수 없는 질적인 목표

예) 아이가 만족할 만큼 영어 그림책 읽어주기,

차 탈 때마다 영어 노래 불러주기, 스스로 단어를 말할 때까지 얘기해주기

기억할 점

어떤 계획이든 생각하지 못한 일이 발생하기 마련이죠. 아이와 함께할 때는 변수가 없는 게 이상한 일이고, 계획하지 않은 방향으로 흘러가는 게 정상이에요. 그럼에도 계획을 세우는 이유는 방향을 잃지 않기 위해서예요. 그러니 아이가 나의 계획과 다른 방향으로 간다고 해도 화를 내거나 좌절하지 말고 긍정적이고 유연하게 그 상황을 맞이해 주세요. 그것이 엄마에게도, 아이에게도 더 좋은 방법입니다.

놀이 영어 스크립트 소개

영어 유치원 같은 커리큘럼 만드는 방법을 알려드렸지만 사실 쉽지 않을 수 있어요. 그래서 바로 보고 따라 할 수 있는 연령별 커리큘럼 놀이집을 소개할게요. 놀이에 포함된 영상을 보고 바로 따라 할 수 있어요.

① 우선 누구나 쉽게 따라하며 입에 익힐 수 있도록 앞서 정리한 32개의 패턴 문장을 베이스로 사용해 반복되는 스크립트를 만들었으며

② 이 시기는 엄마가 얘기해주는 것이 대부분이니 엄마 위주로 대본을 작성했어요.

③ 앞서 이론편에서 공놀이 비유를 통해 소개한 보여주기, 주고받기, 반복, 연결 및 확장이 담긴 스크립트로 구성했어요.

④ 놀이집은 0개월 이상, 12개월 이상, 24개월 이상, 36개월 이상, 48개월 이상의 5개의 챕터로 나뉘어져 있으며 월령이 높을수록 놀이가 다양해져요. 48개월 이상 아이들은 이전 4개의 챕터에 실린 놀이를 모두 할 수 있어요.

⑤ 각 놀이가 아이의 발달에 어떤 도움을 주는지 자세히 설명되어 있어요.

⑥ 주제마다 타깃 단어가 있고 놀이마다 패턴과 서브 단어가 있어요.

⑦ 주제마다 연계 노래, 연계 책 추천 리스트를 담았어요.

놀이집 200% 활용하기

1. 아이와 하나씩 도장깨기를 하듯이 놀아요.

놀이집의 활동을 차례대로 진행하면서 아이와 성취감을 느껴보세요. 완료할 때마다 스티커를 붙이거나 도장을 찍어주면 아이가 더 즐거워하고 의욕적으로 참여할 수 있어요.

2. 그림책이나 영상에 대한 연계 활동으로 사용해요.

그림책을 읽거나 영상을 본 후, 놀이집의 관련 활동을 연결하여 진행해보세요. 스토리나 주제에 맞는 활동을 통해 아이가 배운 내용을 확장하고 응용할 수 있어요.

3. QR코드로 영상을 시청하며 부모님 공부 자료로 활용해요.

놀이집에 포함된 QR코드 영상을 시청하며 따라해 자기계발의 기회를 만들 수 있어요. 영상을 통해 부모님도 발음, 표현 등을 배우며 더 효과적으로 아이와 소통할 수 있는 장점도 있답니다.

4. 아이의 창의력을 키우는 자유 활동으로 활용해요.

놀이집의 활동을 기본으로 삼되, 아이가 스스로 상상하고 확장할 수 있도록 격려해주세요.

5. 놀이를 기록하며 성장일지로 활용해요.

각 활동을 한 영상이나 사진, 아이의 반응, 새로운 표현 등을 기록해보세요. 아이의 발전 과정을 확인하고, 앞으로의 활동을 계획하는 데 도움이 될 수 있어요.

6. 다른 사람과 함께하며 동기부여와 공감대를 형성해요.

아이와 함께한 놀이 과정을 사진이나 영상으로 기록하고, 이를 인스타그램에 공유해보세요!

 # 로메이징놀이 태그를 사용해 다른 부모님들과 경험을 나누고, 서로 아이디어를 얻으며 동기부여를 받을 수 있답니다!

CHAPTER 2.
생후 0~12개월

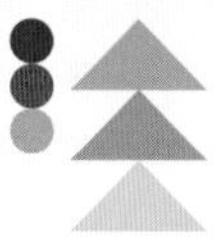

다양한 자극과 반응으로 접근하기

어린 아기와 놀이를 할 때는 엄마 혼자 보여주고 얘기하는 것이 대부분이죠. 그래서 아이 앞에서 원맨쇼를 하고 있다는 느낌이에요. 가끔 뭘 하고 있나 싶을 때도 있지만 분명한 것은 우리 아이가 다 보고 배우고 있다는 점! 꼭 말이 아니더라도 월령에 따라 자신이 할 수 있는 반응을 분명 보여줄 거예요. 말은 못해도 관심을 가지고 소리가 나는 쪽을 뚫어지게 본다든지, 즐거움으로 발을 마구 찬다든지, 소리를 지른다든지 등 모두 아이가 반응하는 것이니 잘 관찰해보세요. 이 시기 아이와 놀 때는 이런 점을 고려해주세요.

① 시각 자극:

- 다양한 색상과 모양의 장난감을 보여주세요. 밝은 색상과 대조가 큰 이미지가 아기의 시각 발달에 도움을 줘요.
- 다양한 표정을 짓고 아이와 눈을 맞추세요. 이 시기 아기들은 양육자의 얼굴을 보는 것을 굉장히 좋아해요.

② 청각 자극:

- 엄마의 목소리로 노래를 부르거나 이야기를 들려주세요. 부드러운 목소리로 말하는 것은 아기의 언어 발달에 큰 도움이 돼요.

- 다양한 소리가 나는 장난감을 사용해보세요. 예를 들어, 딸랑이 소리나 부드러운 음악을 들려주세요.

③ 촉각 자극:

- 부드럽고 다양한 질감의 물건을 만져보게 해주세요. 부드러운 천이나 오돌토돌한 공 등을 주세요.
- 아기의 손과 발을 부드럽게 마사지해주세요. 아기의 감각 발달과 정서적 안정에 도움을 줘요.

④ 반응 관찰:

- 아기가 눈을 맞추거나, 발을 차거나, 소리를 내는 등의 반응을 잘 관찰하세요. 말은 못해도 몸이나 표정, 소리로 반응할 거예요.
- 아기가 좋아하는 활동을 반복해주세요. 아기가 웃거나 즐거워하는 반응을 보이면, 그 활동을 더 자주 해주세요.

1주차:
Body(나의 몸)

타깃 단어: 신체 부위 단어(eye, nose, mouth, head, shoulder 등)

노래: Head, Shoulders, Knees, And Toes by Super Simple Songs / Me! by Super Simple Songs / One Little Finger by Super Simple Songs

책: 《Where Is Baby's Belly Button?》 by Karen Katz, 《Toes, Ears, and Nose》 by Karen Katz, 《From Head to Toe》 by Eric Carle

Day1	Day2	Day3	Day4	Day5
엄마 머리, 내 머리	머리를 흔들다가 STOP!	까꿍!	공이 어디 있지?	엄마 손, 내 손!
Day6	**Day7**	**Day8**	**Day9**	**Day10**
베이비 마사지	눈을 깜빡여요	손수건 지나가요	비닐 촉감놀이	댄스타임

• 로메이징 놀이는 모든 양육자를 위한 콘텐츠입니다. 가정마다 주 양육자가 다를 수 있으나, 설명에서는 '엄마'를 대표적으로 사용하고 있음을 양해 부탁드립니다.

엄마 머리, 내 머리 Day 1

 **패턴: I have a ~.**

~가 있어.

 **서브 단어: have, head, nose, mouth**

로메이징 놀이: 엄마의 신체 부분을 터치하며 이름을 알려준 후 아기가 자신의 신체 부분을 터치하도록 하고 이름을 한번 더 말해주세요. 이 동작을 반복해, 몸의 부위를 인식하고 구별하며 엄마와 동일한 신체 부분을 가지고 있다는 것을 알려줘요.

Look, baby! **Mommy has a** head.	봐봐, 아가야! 엄마한테 머리가 있네.
Wow! **You have a** head, too!	우와! 너도 머리가 있구나!
Mommy's head, your head. **We both have** heads!	엄마 머리, 네 머리. 우리 둘 다 머리가 있네!
Mommy has a nose.	엄마한테 코가 있네.
You have a nose, too!	너도 코가 있구나!
Mommy's nose, your nose. **We both have** noses!	엄마 코, 네 코. 우리 둘 다 코가 있네!
Mommy has a mouth.	엄마한테 입이 있네.
You have a mouth, too!	너도 입이 있구나!
Mommy's mouth, your mouth. **We both have** mouths!	엄마 입, 네 입, 우리 둘 다 입이 있네!

머리를 흔들다가 STOP! Day 2

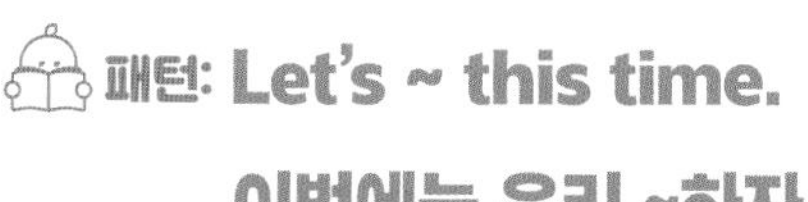

패턴: **Let's ~ this time.**

이번에는 우리 ~하자.

서브 단어: shake, wiggle, move, stop

로메이징 놀이: 다양한 신체 부위를 흔들고 꿈틀거리며 아이가 신체의 각 부분을 인식하고 손가락, 발가락의 작은 근육을 느껴봅니다. 이 과정에서 소근육 발달을 촉진해 인지적 발달에도 긍정적인 영향을 줄 수 있습니다.

We're going to shake different parts of our bodies together for fun!	우리 몸의 여러 부분을 흔들면서 재미있게 놀아보자!
Let's start with our hands.	손부터 시작해보자.
Shake, shake, shake. They're moving!	흔들, 흔들, 흔들. 움직이고 있어!
Now, let's stop!	이제 멈춰보자!
Let's wiggle our fingers **this time.**	이번에는 손가락을 꿈틀거려보자.
Wiggle, wiggle, wiggle. They're moving!	꿈틀, 꿈틀, 꿈틀. 움직이고 있어!
Now, let's stop!	이제 멈춰보자!
Let's shake our feet **this time.**	이번에는 발을 흔들어보자.
Shake, shake, shake. They're moving!	흔들, 흔들, 흔들. 움직이고 있어!
Now, let's stop!	이제 멈춰보자!
Let's wiggle our toes **this time.**	이번에는 발가락을 꿈틀거려보자.
Wiggle, wiggle, wiggle. They're moving!	꿈틀, 꿈틀, 꿈틀. 움직이고 있어!
Now, let's stop!	이제 멈춰보자!

까꿍! Day 3

 패턴: **Where did ~'s ~ go?**

~의 ~가 어디 갔을까?

서브 단어: peekaboo, here

로메이징 놀이: 손수건 등을 사용해 신체 부위를 가렸다가 "까꿍!" 하면서 가렸던 부분을 보여주세요. 숨은 것이 다시 나타나는 걸 보며 놀라움과 호기심을 느끼도록 합니다.

Where did mommy's nose **go?**	자, 엄마의 코가 어디 갔을까?
Peekaboo! There it is!	까꿍! 여기 있네!
Now, **where did baby's** nose **go?**	이제 우리 아가의 코가 어디 갔을까?
Peekaboo! There it is!	까꿍! 여기 있네!
Now, **where did mommy's** face **go?**	이제 엄마의 얼굴이 어디 갔을까?
Peekaboo! There it is!	까꿍! 여기 있네!
Now, **where did baby's** foot **go?**	이제 아가의 발이 어디 갔을까?
Peekaboo! There it is!	까꿍! 여기 있네!
Now, **where did baby's** belly button **go?**	이제 아가의 배꼽이 어디 갔을까?
Peekaboo! There it is!	까꿍! 여기 있네!

공이 어디 있지? Day 4

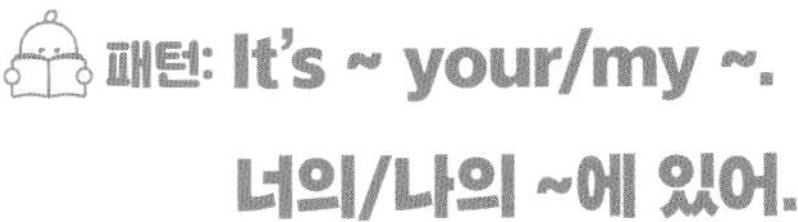

패턴: It's ~ your/my ~.
너의/나의 ~에 있어.

서브 단어: on, under, beside, in, rolling

로메이징 놀이: 공을 굴리면서 아이가 위치와 방향을 익힐 수 있도록 도와주는 놀이예요. 아이가 공의 움직임을 따라가며 위치 변화를 인식하고, 재미있게 공간 개념을 배울 수 있어요.

Here's your ball.
Look, the ball is on your foot. On your foot.
It's rolling and rolling. Now, it's under your leg. Under your leg.
It's rolling again. Now, it's beside your knee. Beside your knee.
It's rolling and rolling and now it's in my hand.

여기 공이 있어.
봐, 공이 네 발 위에 있어. 네 발 위에.
구르고 굴러서 이제 네 다리 밑에 있어. 네 다리 밑에.
또 굴러서 이제 네 무릎 옆에 있어. 네 무릎 옆에.
구르고 굴러서 이제 엄마 손 안에 있어.

엄마 손, 내 손!

Day 5

 패턴: **Let's put our ~ together.**
~를 같이 맞대어보자.

 서브 단어: big, small

로메이징 놀이: 엄마와 아이의 손, 발을 대고 '크다' 또는 '작다' 같은 단어를 사용하며 크기를 비교해봐요. 아기와 엄마 사이 정서적 교감을 증진시켜요.

(양육자 손을 들며) **Hand!** (아이 손을 들며) **Hand!** — 손! 손!

(양육자 손과 아이 손을 마주 대며) **Let's put our hands together.** — 우리 손을 같이 맞대어보자. 짜잔!

Mommy's hand is big and your hand is small. — 엄마 손은 크고, 네 손은 작네.

Big hand, small hand. — 큰 손, 작은 손.

(양육자 발을 들며) **Foot!** (아이 발을 들며) **Foot!** — 발! 발!

(양육자 발과 아이 발을 마주 대며) **Let's put our feet together.** — 우리 발을 같이 맞대어보자.

Mommy's foot is big and your foot is small. — 엄마 발은 크고 네 발은 작네.

Big foot, small foot. — 큰 발, 작은 발.

베이비 마사지 Day 6

 패턴: **Let me massage your ~.**

~ 마사지해줄게.

 서브 단어: down, side, round

로메이징 놀이: 세 가지 마사지를 해주세요. ①손바닥을 사용해 위에서 아래로 배를 쓰다듬어요. ②양 엄지로 배의 옆 부분을 안에서 바깥으로 마사지해요. ③검지와 중지로 시계 방향으로 원을 그리며 배를 마사지해요.

Time for a massage!	마사지 시간이에요!
It's time to relax.	이제 릴렉스할 시간이야.
Let me massage your belly.	배를 마사지해줄게.
(아래로 쓸어내리며) **One, two, three, four, down, down, down.**	하나, 둘, 셋, 넷, 아래로, 아래로, 아래로.
(옆으로 쓸어내리며) **One, two, three, four, to the side.**	하나, 둘, 셋, 넷, 옆으로.
(원을 그리며) **One, two, three, four, round and round.**	하나, 둘, 셋, 넷, 빙글빙글.

눈을 깜빡여요 Day 7

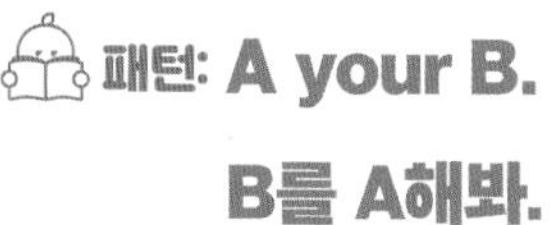

패턴: A your B.

B를 A해봐.

서브 단어: blink, wrinkle, open, wiggle, tug

로메이징 놀이: 챈트를 부르면서 동작을 보여주세요. 엄마를 따라 하고 싶은 아기들은 자연스럽게 움직임을 따라 할 거예요. 이를 통해 아기는 자신의 몸을 느끼고 제어하는 데 즐거움을 느끼며 언어 발달과 감각 발달을 동시에 촉진시켜요.

Blink your eyes, blink, blink, blink!	눈을 깜빡여봐, 깜빡깜빡!
Wrinkle your nose, wrinkle, wrinkle, wrinkle!	코를 찡그려봐, 찡긋찡긋!
Open your mouth, hahaha!	입을 벌려봐, 하하하!
Wiggle your ears, wiggle, wiggle, wiggle!	귀를 움직여봐, 움찔움찔!
Tug your hair, tug, tug, tug!	머리카락을 당겨봐, 당겨당겨!

손수건 지나가요 Day 8

 패턴: **How about we ~?**

우리 ~를 해볼까?

서브 단어: drape, move, wrap, loop

로메이징 놀이: 다양한 신체 부위에 스카프를 두르며 아기의 신체 인식을 도와주는 놀이예요. 머리에, 어깨에, 허리에, 발에 스카프를 두르며 아기가 신체 부위를 자연스럽게 익힐 수 있도록 유도해보세요.

How about we drape the scarf over your head?	스카프를 네 머리에 얹어볼까?
Look at you, wearing a crown!	와, 예쁜 왕관을 썼네!
How about we move it down to your shoulders?	스카프를 어깨에 올려볼까?
Look at you, wearing a cozy shawl.	와, 정말 따뜻한 겉옷을 입었네.
How about we loop it around your waist?	스카프를 허리에 묶어볼까?
Look at you, wearing a nice belt.	와, 멋진 벨트를 했네.
How about we wrap it around your feet?	스카프를 발에 묶어볼까?
Look at you, wearing a nice pair of shoes!	와, 멋진 신발을 신었네!

비닐 촉감놀이 **Day 9**

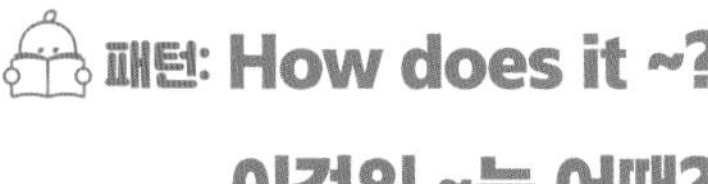

패턴: How does it ~?

이것의 ~는 어때?

서브 단어: touch, look, feel, sound, smell, taste

로메이징 놀이: 비닐을 부드럽게 쓸어보거나 누르면서 아기의 손과 발로 비닐을 만져보도록 유도하고 소리와 느낌을 아기에게 설명해주면서 아기의 호기심과 감각을 자극해요. 또한 벽에 비닐을 붙이고 발로 차며 촉감을 느끼게도 해보세요!

It's called a plastic bag.	이건 비닐봉지야.
Do you want to touch it?	만져볼래?
(빛 아래에서 비닐봉지를 비춰보며) **How does it look?**	(빛을 받은 비닐봉지가) 어떻게 보이니?
It looks shiny.	반짝거리지.
(비닐봉지를 쓰다듬으며) **How does it feel?**	느낌은 어때?
It feels smooth.	부드러운 느낌이야.
(비닐봉지를 구기며) **How does it sound?**	(비닐봉지가 내는) 소리는 어때?
It sounds crinkly.	바스락 소리가 나.
(비닐봉지 냄새를 맡으며) **How does it smell?**	(비닐봉지의) 냄새는 어때?
Eww, I don't like the smell.	으, 냄새가 좋지 않아.
(비닐봉지에 혀를 갖다 대는 흉내를 내며) **How does it taste?**	(비닐봉지의) 맛은 어때?
We never taste it!	절대 먹으면 안 돼!

댄스 타임

Day 10

 패턴: **See what I can do!**

엄마가 뭘 할 수 있는지 봐봐!

 서브 단어: wave, wobble, shrug

로메이징 놀이: 아기가 평소 좋아하던 음악을 선택하고 춤을 추세요. 부모는 아기의 손을 잡고 춤을 추거나, 아기를 안아서 함께 춤을 추거나, 살랑살랑 흔드는 등 다양한 방법으로 몸을 흔들며 아기의 운동 발달을 촉진해요.

Dancing is always fun! Let's dance!	춤추는 건 항상 재미있어! 같이 춤추자!
See what I can do.	엄마가 뭘 하는지 봐봐.
(팔을 웨이브하며) **I can wave my arms like this.**	엄마는 팔을 이렇게 흔들 수 있어.
Can you wave your arms too?	너도 팔을 흔들 수 있니?
That's it! You're dancing!	바로 그거야! 너도 춤을 추네!
See what I can do this time.	이번에는 뭘 하는지 봐봐.
(개다리춤을 추며) **I can wobble my legs like this.**	엄마는 다리를 이렇게 흔들 수 있어.
Can you wobble your legs too?	너도 다리 흔들 수 있니?
That's it! You're dancing!	바로 그거야! 너도 춤을 추네!
See what I can do now.	이제 엄마가 뭘 할 수 있는지 봐봐.
(어깨춤을 추며) **I can shrug my shoulders.**	엄마는 어깨를 으쓱거릴 수 있어.
Can you shrug your shoulders too?	너도 어깨를 으쓱거릴 수 있니?
That's it! You're dancing!	바로 그거야! 너도 춤을 추네!

2주차:
Things around me(내 물건)

타깃 단어: bottle, diaper, blanket, pacifier, books (그 외 자주 보이는 육아 용품: wipes, carrier, stroller, high chair 등)

노래: Don't Cry Baby by Babybus, Blankie Song by Cocomelon, Where's My Suzie by Little Angel

책: 《First 100 Words》 by Roger Priddy, 《Twinkle, Twinkle, Diaper You》 by Ellen Mayer, 《Binky》 by Leslie Patricelli, 《Blankie》 by Leslie Patricelli

Day1	Day2	Day3	Day4	Day5
젖병 굴리기	기저귀 모자	담요 던져!	쪽쪽이를 찾아라	책 드럼
Day6	**Day7**	**Day8**	**Day9**	**Day10**
젖병 온도계	기저귀 탑	담요 댄스	내 가방 챙기기	책 집 만들기

• 로메이징 놀이는 모든 양육자를 위한 콘텐츠입니다. 가정마다 주 양육자가 다를 수 있으나, 설명에서는 '엄마'를 대표적으로 사용하고 있음을 양해 부탁드립니다.

젖병 굴리기 Day 1

패턴: **Look, the bottle is ~.**

봐, 젖병이 ~ 하고 있네.

서브 단어: roll, spin, knock down.

로메이징 놀이: 젖병을 가지고 다양하게 노는 방법을 보여주고 운동 감각을 키워주세요. 움직이던 물체는 서서히 멈추고 물체를 치면 넘어진다는 물리적 개념을 알려줘요.

(젖병을 굴리고) **Look, the bottle is rolling!**	봐봐, 젖병이 굴러가고 있어!
Roll, roll, roll!	굴러, 굴러, 굴러!
That was quite a roll!	정말 멀리 굴러가네!
(젖병을 회전시키고) **Look, the bottle is spinning!**	봐봐, 젖병이 돌고 있어!
Spin, spin, spin.	빙글, 빙글, 빙글.
That was quite a spin!	정말 빠르게 돌아가네!
(젖병을 쓰러뜨리고) **Look, the bottle is down.**	봐봐, 젖병이 넘어졌어.
(다시 한번 보여주며) **Knock down.**	넘어졌어.

기저귀 모자 Day 2

 패턴: **You can put your diaper on your ~.**
기저귀를 네 ~에 쓸 수 있어.

 서브 단어: glove, shoe, hat

로메이징 놀이: 기저귀를 손에도 껴보고, 발에도 껴보고, 머리에도 써보며 한 가지 물건으로 다양하게 노는 모습을 보여주세요. 아이의 창의성과 상상력을 자극해요.

Mommy will show you something fun with your diaper.
엄마가 네 기저귀로 재미있는 거 보여줄게.

(양육자가 직접 끼거나 아이에게 끼워주며) **You can put your diaper on your hand.**
기저귀를 네 손에 낄 수도 있어.

It's a diaper glove!
이건 기저귀 장갑이야!

You can put your diaper on your foot.
기저귀를 네 발에 낄 수도 있어.

It's a diaper shoe!
이건 기저귀 신발이야!

You can put your diaper on your head.
기저귀를 네 머리에 쓸 수도 있어.

It's a diaper hat!
이건 기저귀 모자야!

You can put your diaper on your bottom.
기저귀를 네 엉덩이에 찰 수도 있지.

It's a diaper diaper!
이건 기저귀 기저귀야!

담요 던져! Day 3

패턴: **We're going to ~.**
우린 ~할 거야.

서브 단어: flutter, lay down, pick up, drop, throw

로메이징 놀이: 담요를 가지고 다양한 행동을 하며 대근육 발달을 촉진시켜요.

We're going to play with your blankie!	우리 네 담요 가지고 놀 거야!
First, **we are going to** flutter your blankie. Flitter flutter.	먼저, 담요를 나풀거릴 거야. 팔랑팔랑.
Now, **we are going to** lay it down.	이제, 담요를 바닥에 깔아놓을 거야.
Then, **we are going to** pick it up and drop it.	그다음 담요를 들고 떨어뜨릴 거야.
Finally, **we are going to** throw it up in the air!	마지막으로, 담요를 공중으로 던져볼까!

쪽쪽이를 찾아라 Day 4

 패턴: **Where ~?**

어디 ~?

 서브 단어: hide, find

로메이징 놀이: 컵 아래에 쪽쪽이를 숨기고 찾는 놀이를 통해 아기의 호기심을 자극하고 문제 해결 능력을 키워보세요. 어린 아기들은 컵을 섞지 않고 숨기는 걸 그대로 보여줘도 물건을 찾으면 신기해하기 때문에 다 보여주며 진행해도 좋아요.

Look, mommy will hide your pacifier in the cup.
봐봐, 엄마가 네 쪽쪽이를 컵 아래에 숨길 거야.

Can you find your pacifier?
쪽쪽이 찾아볼까?

Where could it be?
어디 있을까?

Pacifier, where are you?
쪽쪽이, 어디 있니?

Where do you think it is?
어디에 있을 거 같아?

It's here! You found it!
짜잔! 여기 있네! 네가 찾았어!

책 드럼 Day 5

패턴: Let's ~.
우리 ~하자.

서브 단어: tap, beat, sing, play

로메이징 놀이: 여러 권의 책을 아이 앞에 놓고 노래 부르며 막대기로 쳐봐요. 아직 앉지 못하는 아기는 눕혀서 막대기로 책 치는 것을 보여줄 수 있어요. 살살 두드리고 세게 두드리는 것을 반복하며 음악적 감각을 자극해주세요.

Look at our book drums!	우리 드럼책 보자!
Let's start with tapping it gently.	처음에는 부드럽게 쳐보자.
Now, **let's** tap it harder.	이제 조금 세게 쳐보자.
Even harder!	더 세게!
Now, **let's** beat it!	이제 가장 세게 계속 두드려!
Let's sing and play the drums this time.	이번에는 노래와 함께 드럼 연주해보자.
Which song should we sing?	어떤 노래를 불러야 할까?
How about Wheels On The Bus?	Wheels On The Bus 어때?

젖병 온도계 Day 6

패턴: ~ is hot/cold.
~가 뜨거워/차가워.

서브 단어: touch, pour out, find

로메이징 놀이: 젖병 두 개를 준비해서 하나에는 따뜻한 물을(아이가 화상 입지 않을 정도), 다른 하나에는 차가운 물을 넣어요. 아이가 두 가지 대비되는 온도를 명확히 느껴보도록 하며 '뜨겁다' '차갑다'의 개념을 알려주세요.

We have two bottles of water here.	우리 젖병이 두 개 있어.
Touch this bottle. It is hot.	이 물병을 만져봐. 이건 뜨거워.
Let's pour out some water.	물을 부어보자.
The water is hot, too.	물도 뜨거워.
Touch this bottle. It is cold.	이 물병을 만져봐. 이건 차가워.
Let's pour out some water.	물을 부어보자.
The water is cold, too.	물도 차갑네.
(아기를 안고 냉장고를 보여주며) **Let's find something cold in the fridge.**	냉장고 안에서 차가운 것을 찾아보자.
(아기 손으로 만져볼 수 있게 하며) **The juice is cold, the water is cold, and the apple is cold, too.**	주스는 차가워, 물도 차갑고 사과도 차가워.

기저귀 탑

Day 7

패턴: A, let's ~.
[순서], 우리 ~하자.

서브 단어: build, put, stack up, knock over

로메이징 놀이: 아기와 함께 기저귀로 탑을 쌓아보고, 무너뜨리는 놀이를 하며 아이의 손-눈 협응 능력 향상을 도와줘요. 아이가 어릴수록 쌓는 것보다 무너뜨리는 걸 더 좋아한다는 점을 기억해주세요.

(기저귀 여러 개를 한번에 떨어뜨리며) **Diaper bomb!**	기저귀 폭탄!
Let's build a tower with the diapers.	기저귀로 탑을 만들어보자.
First, let's put one diaper on the bottom.	우선, 바닥에 기저귀 한 장을 놓아보자.
Then, let's stack up the other diapers on the first one.	그다음, 첫 번째 기저귀 위에 다른 기저귀를 쌓아보자.
Look at our tower growing taller and taller!	우리 탑이 점점 더 높아지는 걸 봐봐!
Now, let's knock it over!	이제, 넘어뜨려보자!

담요 댄스 Day 8

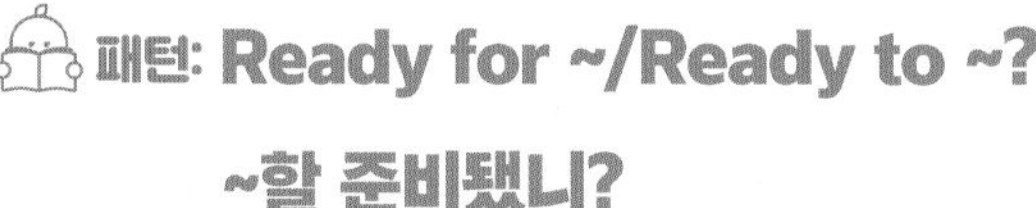
패턴: **Ready for ~/Ready to ~?**
~할 준비됐니?

서브 단어: grab, shake off, run across, squeeze, snuggle

로메이징 놀이: 아기의 애착 이불을 활용해 이불을 펼쳐서 흔들거나, 얼굴에 대거나, 꽉 짜보는 등 다양한 춤 동작을 하며 유대감을 형성하고 다양한 움직임을 느껴보도록 해요.

Ready for a dance party?	댄스 파티 준비됐니?
Grab your blankie.	담요를 가지고 오렴.
Ready to hold it tight and shake it off to the rhythm?	단단히 붙잡고 리듬에 맞춰 흔들 준비됐니?
One, two, one, two, one, two, one, two.	하나, 둘, 하나, 둘, 하나, 둘, 하나, 둘.
Ready to run it across your face?	얼굴에 대고 지나갈 준비됐니?
Whoosh, whoosh!	슉, 슉!
Ready to squeeze it?	꾸욱 짤 준비됐니?
Squeeeeeze!	꾸우우욱!
Finally, snuggle with it.	마지막으로, 담요를 포근하게 안아보렴.

내 가방 챙기기 Day 9

 패턴: **Will you get me ~, please?**

~좀 줄래?

 서브 단어: help, get

로메이징 놀이: 아기와 함께 가방 싸기 놀이를 하며 협동심과 인지 능력을 키워보세요. 기저귀와 물티슈 등을 가져오면서 아기가 도움을 제공하는 경험을 쌓고, 즐거운 상호작용을 통해 유대감을 강화해요.

Will you help me pack our bag?	가방 싸는 걸 도와줄래?
We need your diapers.	기저귀가 필요해.
Will you get me the diaper, **please?**	기저귀 좀 줄래?
We need your wipes.	물티슈가 필요해.
Will you get me the wipes, **please?**	물티슈 좀 줄래?
We need your pacifier.	쪽쪽이가 필요해.
Will you get me the pacifier, **please?**	쪽쪽이 좀 줄래?
We need your toy.	장난감이 필요해.
Will you get me the toy, **please?**	장난감 좀 줄래?
Thanks, little helper!	고마워, 엄마의 꼬마 도우미!

책 집 만들기 **Day 10**

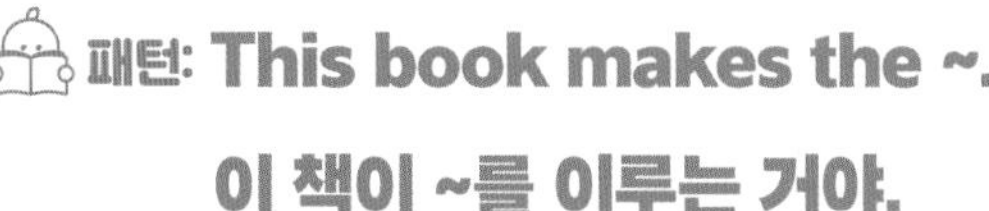

패턴: **This book makes the ~.**

이 책이 ~를 이루는 거야.

서브 단어: base, wall, roof

로메이징 놀이: 보드북으로 집을 만들며 부분을 이루는 단어를 소개하고 창의력과 상상력을 키워주세요. 부분을 이해하는 건 12개월 이후부터 천천히 시작되지만 다양한 어휘 소리를 노출해준다고 생각하며 말해주세요!

Let's make a book house! 책으로 집을 만들어보자!

This book makes the base. Base. 이 책이 기초를 이루는 거야. 기초.

These books make the walls. Walls. 이 책들은 벽을 이루는 거야. 벽.

These books makes the roof. Roof. 이 책들은 지붕을 이루는 거야. 지붕.

It's a house! 집이다!

로메이징 패턴 정리

Basic I/You have a ~.

광장히 많이 쓰는 패턴이죠. 한국어로 '나한테 ~ 있어'라고 해석할 수도 있어요. '엄마한테 장난감 있어'라고 하면 대부분 '~ 있어' 때문에 'There is/are~'를 떠올리지만 'I have a toy'가 더 자연스러워요. 그럼 'I have a nose'는 '엄마 코 있어'가 되겠죠?

Plus We both have ~.

물론 여기서 멈춰도 되지만 "엄마도 코가 있고 아가도 코가 있어. 우리 둘 다 코가 있네!"를 자연스럽게 말해주면, 같은 패턴을 반복해서 사용하기 때문에 부모의 영어에도 좋고, 아이의 영어 습득에도 도움이 돼요. 어느새 아이가 '코'라는 단어와 '~ 있어' 패턴을 이해하는 걸 발견할 거예요! 다른 예문도 살펴볼까요?

- I have a cookie. You have a cookie, too. We both have cookies! (엄마한테 쿠키가 있어. 너도 쿠키가 있네. 우리 둘 다 쿠키가 있어!)
- I have a spoon. You have a spoon, too. We both have spoons! (엄마한테 숟가락이 있어. 너도 숟가락이 있네. 우리 둘 다 숟가락이 있어!)
- I have a hat. You have a hat, too. We both have hats! (엄마한테 모자가 있어. 너도 모자가 있네. 우리 둘 다 모자가 있어!)

Basic Let's ~.

이 패턴은 앞으로도 자주 등장할 거예요. 그만큼 엄마와 아이 사이에서 많이 쓰인다는 뜻이겠죠? 'Let's'는 '우리 ~하자'의 의미로 많이 써요. 살짝 다른 뉘앙스로 쓰이기도 하는데, 아이가 해야 할 것을 안 할 때, 말을 듣지 않을 때 '우리~해보자'의 느낌으로 좀 더 예쁘게 말할 수 있어요. 예를 들어, 아이가 정리를 안 할 때는 'Let's clean up.' 'Can you clean up?' 'I need you to clean up.' 'Clean up right now!' 순서대로 강도가 높아지는 것이죠.

- Let's read a book together! (우리 같이 책 읽자!)
- Let's take a bath! (우리 목욕하자!)
- Let's go for a walk outside! (우리 산책 가자!)

Plus Let's get ~.

아이들에게 많이 쓰는 서브 패턴으로 '~ 가져오자'라는 의미의 'Let's get [물건]'이 있어요. 필요한 물건을 가지러 갈 때 습관처럼 쓰면 아이가 패턴을 반복적으로 들으며 어느 순간 이해하고 행동하는 걸 발견할 수 있을 거예요!

- Let's get your teddy bear. (우리 곰 인형 가져오자.)
- Let's get your blankie. (네 담요 가져오자.)
- Let's get your toys. (네 장난감 가져오자.)

Plus Let's get ~ing.

여기에서 파생된 유용한 패턴 한 가지 더 알려드릴게요. 위 패턴(Let's get [물건].) 뒤에 많이 쓰는 동사를 붙여서 통째로 입에 붙이는 것도 좋은 방법이에요. 뒤에 행동이 나오는 형태인데요, 이건 '~ 가져오자'의 의미가 아닌 행동을 시작하거나 제안할 때 사용합니다.

- Let's get going! (슬슬 가자!)
- Let's get moving! (슬슬 움직이자!)
- Let's get cleaning! (슬슬 청소 시작하자!)

Basic I am/You are/It is ~ing.

아이가 어릴수록 상호작용에서 현재진행형을 많이 쓰게 됩니다. 아무래도 아직 이해할 수 있는 게 많지 않으니 직접 보여주며 현재를 얘기해야 하기 때문이겠죠. 그래서 이 패턴은 어린아이에게 필수적이에요! 현재형을 사용하며 다음을 아이에게 생중계할 수 있답니다.

① 엄마가 하고 있는 것

② 아이가 하고 있는 행동

③ 물건이나 다른 것의 현상

- I'm drinking water. (엄마 물 마시고 있어.)
- You're babbling! (우리 아가 옹알이하네!)
- It is spinning! (이게 돌아가네!)

Plus Look, it is ~ing!

아이들이 무언가를 배우기 위해서는 가장 먼저 주목해야 해요. 알려주고자 하는 것을 보게 하는 것이 우선시되어야 하기 때문에 한창 탐색하고 배우는 아기들에게 'Look(봐봐)'은 꼭 말해줘야 하는 단어예요. 무언가를 알려주거나 재밌는 걸 보여주는 하나의 큐사인이 될 수도 있고요. 특히 저는 아기가 물리적 현상을 배우는 생후 1년 시기에 이 화법을 많이 사용하며 아기 관점에서 신기할 만한 것에 주목시켰어요. 예를 들어 뚜껑을 치면 뚜껑이 굴러가거나 젖병이 돌다가 서서히 멈추는 등 우리에게는 너무나 당연한 현상이 아이들에게는 신기한 일이기 때문에 "Look, the bottle is spinning!" "Look, it is getting slower" 하며 패턴을 적극적으로 사용해 세상을 배우는데 도움을 주었어요.

- Look, it is raining. (봐봐, 비가 오고 있어.)
- Look, it is flying. (봐봐, 이게 날고 있어.)
- Look, it is bouncing. (봐봐, 이게 튀고 있어.)

Basic Where is ~?

'어디에 있지?'는 실제 물건을 찾을 때도 사용하지만 아이들과 까꿍놀이나 숨바꼭질, 보물찾기 등 찾는 놀이를 할 때도 사용하죠. 가장 기본적으로 'Where is [물건/사람]?'가 있는데 그 상황에서 바로 튀어나올 수 있도록 반복적으로 사용하는 게 좋아요.

- Where is your book? (네 책 어디 있지?)
- Where is your high chair? (네 하이체어 어디 있지?)
- Where are your stacking rings? (네 고리쌓기 장난감 어디 있지?)

Plus Where could it be?

이 문장은 조금 다른 뉘앙스로 '어디에 있을까?'라는 뜻이에요. 잘 못 찾거나 안 보일 때 '잘 안 보이네. 어디 있을까?' 이런 뜻이죠. 아이들과 까꿍놀이나 숨바꼭질을 할 때도 일부러 못 찾는 척 하면서 "Hmmm, where could Rohim be(흠, 로힘이가 어디 있을까)?" 하면 무척 좋아한답니다!

- I don't see the ball. Where could it be? (공이 안 보이네. 어디 있을까?)
- The toy was here earlier. Where could it be? (아까 장난감이 여기 있었는데. 어디 있을까?)
- I thought I left my flashlight here. Where could it be? (엄마가 손전등 여기 놔둔 줄 알았는데. 어디 있을까?)

Plus Where do you think it is?

이 문장은 아이의 추측을 물어보는 질문이에요. '네 생각에는 그거 어디 있을 것 같아?'라는 뜻이죠. 위의 세 가지 문장을 하나의 그룹으로 기억해두면, 아이들과 찾기놀이를 할 때 더 풍성한 언어 자극이 될 거예요!

- The ball is missing. Where do you think it is? (공이 없어졌어. 어디에 있을 것 같아?)
- I can't find my hat. Where do you think it is? (모자를 못 찾겠어. 어디에 있을 것 같아?)
- The toy is gone. Where do you think it is? (장난감이 사라졌어. 어디에 있을 것 같아?)

Plus Where did ~ go?

또 다른 뉘앙스로 원래 있었는데 어느 순간 보이지 않을 때 이 패턴을 사용해요. 가방 안에 있었던 쪽쪽이가 사라졌을 때, "Where did your pacifier go(아가 쪽쪽이 어디 갔지)?"라고 말하는 것이죠. '쪽쪽이 어디 있어?'의 의미인 'Where is the pacifier?'와는 살짝 다른 게 느껴지나요?

- Where did your teether go? (우리 아가 치발기 어디 갔지?)
- Where did your bib go? (우리 아가 턱받이 어디 갔지?)
- Where did your rattle go? (우리 아가 딸랑이 어디 갔지?)

Basic We're going to ~.

이 패턴은 우리나라에서 '~할 거야'로 알려져 있어 'We will~'과 같은 뜻으로 인식하고 있죠. 하지만 둘의 차이는 명확합니다. 'We're going to'는 ①이미 확정된 계획 또는 ②근거 있는 예상을 할 때 많이 쓰이고, We will은 ①뭘 할 것이라 약속할 때, ②미래에 일어날 것이라고 예상하거나 믿을 때, ③빠르게 결정할 때 사용합니다.

①부터 살펴볼게요. 이미 동물원에 가려고 티켓을 구매했을 때는 "We're going to go to the zoo"라고 하는 반면, 동물 그림책을 읽다가 아이가 동물원에 가고 싶다고 떼를 쓸 때는 "Okay, we will go to the zoo this coming Friday(우리 돌아오는 금요일에 동물원 갈 거야)"라고 will을 사용합니다.

②의 예로는, 운동회 마지막 순서인 계주 달리기에서 마지막 바퀴인데 우리 팀 계주가 한 바퀴 이상 앞서 있을 때 "We're going to win(우리가 이길 거야)!" 하며 근거 있는 예상을 할 때 'going to'를 사용합니다. 반대로 운동회를 막 시작하는데 팀의 사기를 위해서 외칠 때는 "We will win this(우리가 이 운동회 이길 거야)!" 하며 'will'을 사용합니다.

③의 예로, 빠르게 결정 내리는 'will'은 길을 가다가 붕어빵이 보여서 바로 사기로 결정했을 때 "We will buy these(우리 이거 살 거야)" 하며 will을 사용합니다.

- We're going to go see a doctor now. (우리는 지금 의사 선생님 보러 갈 거야.)
- (TV를 켜며) We're going to watch TV. (우리 TV 볼 거야.)
- (코트를 입으며) We're going to play outside. (우리는 밖에서 놀 거야.)

Plus Who's going to ~?

아이가 말을 알아듣지 못할 때는 엄마가 'We're going to~' 하면서 우리가 무엇을 할 건지 얘기하며 보여주는 것이 일반적이지만, 아이와 좀 더 적극적인 소통이 가능할 때는 'Who's going to [행동]'의 패턴도 유용하게 활용할 수 있어요. 특히 '내가'라는 말이 시작되는 24개월부터는 일부러 아이의 참여와 자존감을 위해 "Who's going to [행동]? Me, me, me(누가 [행동]할 거야? 저요, 저요)!' 하며 보여주고 알려주었어요. 이제는 'Who's going to~?' 하면 아이들 둘 다 손을 번쩍 든답니다.

- Who's going to clean up? (누가 청소할 거야?)
- Who's going to help me? (누가 엄마 도와줄 거야?)
- Who's going to eat the last piece? (누가 마지막 남은 거 먹을 거야?)

영어 단어 깨알 지식

1. Mommy vs. Mom

둘 다 '엄마'를 나타내지만 mommy는 어린아이가 엄마를 부를 때 주로 사용하는 유아적 표현이고 mom은 좀 큰 아이부터 성인까지 널리 사용해요. 뉘앙스로 보면 mommy가 좀 더 애정어린 표현이라 큰 아이들 중에서도 특별히 뭔가를 원할 때 '엄마아아아' 하는 톤으로 mommy를 사용할 수 있어요. 아이마다 다르지만 미국에서는 만 4~8세쯤 mommy에서 mom으로 자연스럽게 바뀐다고 해요.

- I want to sit with Mommy! (나 엄마랑 앉고 싶어!)
- Mom, I finished my homework. (엄마, 저 숙제 다 했어요.)

2. Wrap vs. Cover

두 단어 모두 덮는 느낌의 단어라 얼핏 비슷해 보일 수 있지만 wrap은 덮고 돌돌 감싸는 것이고 cover는 단순히 덮는 것이에요. 예를 들어 아이가 춥다고 할 때 담요로 감싸주는 것은 wrap, 낮잠 잘 때 이불을 덮어주는 것은 cover를 사용해요.

- Let's wrap the sandwich. (우리 샌드위치 싸자.)
- We need to cover the cake with a lid. (케이크를 뚜껑으로 덮어야 해.)

3. Roll vs. Spin

둘 다 회전한다는 뜻이라 헷갈리기 쉬워요! 하지만 roll은 부드럽게 데굴데굴 굴러가는 것이고 spin은 제자리에서 뱅뱅 도는 것을 의미해요. 공을 굴릴 때는 roll, 팽이를 돌릴 때는 spin을 사용해요.

• Roll the ball to me. (엄마한테 공 굴려봐.)

• Can you spin around like a top? (팽이처럼 빙글빙글 돌아볼래?)

4. Tap - Pat - Slap - Smack - Hit - Strike - Beat

무언가를 치는 행동을 의미하는 단어를 강도 순서대로 나열해보았어요. 아이들과 놀 때 강도를 조절하며 아이의 흥미를 지속시켜줘야 하는 때가 많은데, 그때 사용하기 좋은 단어예요! 막대기로 책을 치며 놀 때, 오감놀이 할 때 등 폭넓게 활용해보세요!

① Tap: 손가락 등으로 가볍게 두드릴 때

• Tap the table with your finger. (손가락으로 탁자를 톡톡 쳐봐.)

② Pat: 손바닥으로 토닥일 때

• I pat my belly when I'm full. (배가 부르면 배를 토닥여요.)

③ Slap: 손바닥으로 찰싹 칠 때

• Stop slapping the water, you'll splash everywhere! (물 그만 쳐, 모든 곳에 물이 튈 거야!)

④ Smack: 손으로 빠르고 강하게 때릴 때

• Don't smack your toy! (장난감 세게 치지 마.)

⑤ Hit: 손이나 도구를 사용해 목표물을 강하게 칠 때, 일반적으로 무언가를 칠 때도 사용하기 때문에 때마다 강도는 달라질 수 있음.

• You shouldn't hit the dog. (강아지를 때리면 안 된다.)

⑥ Strike: 손이나 도구를 활용해 Hit보다 더 강하게 가격할 때

• Be careful not to strike the ball too hard when we play. (놀 때 공을 너무 세게 치지 않도록 조심해.)

⑦ Beat: 반복적으로 강하게 치거나 두드릴 때

• Beat the drum! (드럼을 세게 쳐.)

5. Fast vs. Quick

두 단어 모두 '빠른'으로 해석되지만 살짝 차이가 있어요. fast는 주로 물리적인 이동 속도를 표현할 때 사용하고 어떤 것이 지속적으로 빠르게 움직이고 있음을 표현할 때 적합해요. quick은 얼마나 신속하게 완료되었는지 나타낼 때, 즉 순간적인 행동이나 반응 속도를 강조할 때 사용해요.

• Wow, look at that car! It's so fast. (와, 저 차 좀 봐! 정말 빠르다.)

• Wow, you put the block in the box so quick! (박스에 블럭 정말 빨리 넣었네!)

CHAPTER 3.

생후 12~24개월

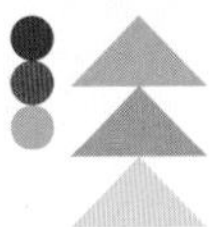

일상의 활동으로 상호작용하기

이제 12개월이 된 우리 아이들은 더 많은 움직임과 호기심을 가지게 돼요. 걸음마를 시작하고, 손을 사용해 물건을 탐색하며, 간단한 단어를 이해하고 말하려고 시도하죠. 이 시기의 아이들과 놀이를 할 때는 다음을 고려해주세요.

① 움직임:

- 아이가 걷거나 기어 다니며 주변을 탐색할 수 있도록 안전한 공간을 마련해주세요. 다양한 질감과 색깔의 장난감을 활용해 아이의 감각을 발달시킬 수 있어요.

② 상호작용:

- "공을 굴려볼까?", "블록을 쌓아볼래?" 같은 간단한 지시를 통해 아이와 상호작용해보세요. 아이가 지시를 이해하고 따라 할 수 있도록 도와주며, 성공했을 때는 칭찬과 격려를 아끼지 마세요.

③ 단어 명명:

- 활동을 하면서 문장 끝에 단어를 한번 더 강조해보세요. 단어를 쏙쏙 흡수하는 시기라 아이의 어휘력이 늘어나는 걸 볼 수 있을 거예요.

④ 사회적 놀이:

- 가능하다면 다른 아이들과 함께 영어를 들으며 노는 경험을 제공해주세요. 처음에는 평행놀이(다른 아이와 같은 공간에서 놀지만 직접적인 상호작용은 없음)를 하며 같이 노는 모습은 보이지 않겠지만, 점차 영어를 언어로 받아들이며 함께 놀이를 하고 같이 배우는 효과를 누릴 거예요. 이 시기의 아이들은 빠르게 성장하고 배우는 시기이므로, 부모의 많은 관심과 애정이 필요해요. 아이의 신호를 잘 관찰하고 그에 맞는 적절한 반응을 해주며, 놀이를 통해 많은 것을 배울 수 있도록 도와주세요.

1주차: Bath time (목욕 시간)

타깃 단어: bathtub, shampoo, water, towel, shower, lotion, hair dryer

노래: The Bath Song by Super Simple Songs, Scrub-A-Dub by Mother Goose Club, Let's Have Fun Bubble Bath by Bebefinn

책: 《Splish, Splash, Baby》 by Karen Katz, 《Bath Time Physics》 by Jill Esbaum, 《Maisy Takes a Bath》 by Lucy Cousins

Day1	Day2	Day3	Day4	Day5
물 첨벙	미끌미끌 보글보글	인형 씻기기	둥둥	욕조 밖으로
Day6	**Day7**	**Day8**	**Day9**	**Day10**
무거운 수건	비가 내려요	수상 시장	로션 마사지	드라이기 바람

• 로메이징 놀이는 모든 양육자를 위한 콘텐츠입니다. 가정마다 주 양육자가 다를 수 있으나, 설명에서는 '엄마'를 대표적으로 사용하고 있음을 양해 부탁드립니다.

물 첨벙 **Day 1**

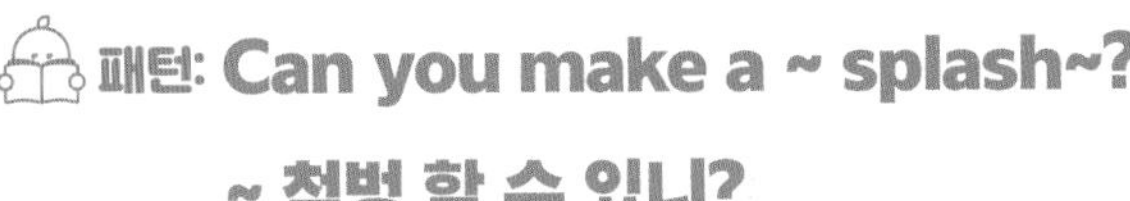

패턴: Can you make a ~ splash~?
~ 첨벙 할 수 있니?

로메이징 놀이: 목욕 시간에 물장구를 치며 '크다'와 '작다'의 개념을 배우고 물의 움직임을 통해 다양한 감각을 경험해요. 큰 첨벙과 작은 첨벙을 통해 아이는 소리와 정도의 차이를 인식할 수 있으며, 물의 다양한 반응을 관찰해봐요.

Splish splash! I love taking a bath!
Can you make a big **splash** with your hand?
Boom!
Woah, it was a big one.
Can you make a little **splash?** Tap!
That was a teeny tiny splash!
Can you make a big **splash** with the toy car?
Boom!
You got water all over your face!

첨벙첨벙! 목욕하는 거 너무 즐거워!
손으로 크게 첨벙 할 수 있니?
팡!
우와, 정말 크다.
작게 첨벙 할 수 있니? 톡!
정말 작고 귀여워.
자동차 장난감으로 첨벙 할 수 있니?
팡!
우리 아가 얼굴에 물이 흠뻑 젖었네!

미끌미끌 보글보글 Day 2

 패턴: **Do you want to ~?**

~ 하고 싶니?

 서브 단어: touch, pop, make, see

로메이징 놀이: 샴푸나 물비누의 미끌미끌한 감촉을 만져보고 거품을 만들면서 손과 눈의 협응력을 키울 수 있어요. 눈에 비누가 들어가지 않도록 주의하면서, 거품을 만드는 과정을 보여주고 자극해요.

Let's play with shampoo!	샴푸 가지고 놀아보자!
It feels slippery.	미끌미끌하네.
Do you want to touch it?	만져볼래?
Make sure you don't get any shampoo in your eyes.	눈에 샴푸가 들어가지 않도록 해.
Do you want to make some bubbles?	거품 만들어보고 싶니?
(거품을 만들고) Look at all these bubbles.	거품 봐봐.
Do you want to pop them? Pop, pop!	터트리고 싶니?
You can pop them.	터트려도 좋아.
It's fun, isn't it?	정말 재미있다. 그렇지?
Do you want to see how I make a lot of bubbles at once?	엄마가 한 번에 거품 많이 만드는 거 보여줄까?
See what happens!	어떤 일이 일어나는지 봐!

인형 씻기기 Day 3

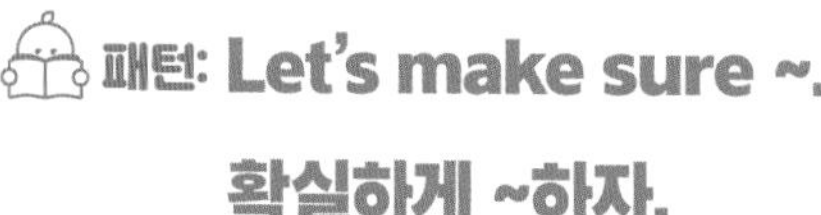

패턴: **Let's make sure ~.**

확실하게 ~하자.

 서브 단어: roll up, rub, rinse off, squeeze out

로메이징 놀이: 인형을 씻겨주며 다양한 씻기 표현을 배워요. 아기가 인형을 씻기면서 손과 눈의 협응력을 키우고, 타인에 대한 배려와 돌봄의 감정을 경험할 수 있어요.

Let's give Teddy a bath.	곰인형 테디 목욕시켜주자.
Let's roll your sleeves up and turn on the water.	소매를 걷어 올리고 물을 틀자.
Let's make sure the water's not running too fast.	물이 너무 세게 흐르지 않도록 확인해 보자.
Let's put some soap on him.	테디에게 비누칠을 하자.
Let's rub his face.	테디의 얼굴을 문지르자.
Let's rinse him off.	헹구자.
Let's make sure all the soap goes away.	비누가 다 사라졌는지 확인해보자.
Let's squeeze the water out.	물을 짜내자.

둥둥 Day 4

패턴: **Look, the ~ is floating/sinking!**

봐, ~가 떠 있어/가라앉고 있어!

서브 단어: toy, pepper, lettuce, bowl

로메이징 놀이: 목욕 시간이나 놀이 시간에 다양한 물체를 물에 넣어보고, 어떤 물체는 물 위에 뜨고 어떤 물체는 가라앉는지 관찰하면서 물리적 개념에 관심을 갖고 이해해요. 추측하는 질문은 24개월 이상부터 추천합니다.

Let's see what floats and what sinks.	어떤 게 뜨고 가라앉는지 보자.
Look, the toy pepper **is floating!**	봐봐, 피망 장난감이 떠 있어!
Look, the toy lettuce **is sinking!**	봐봐, 양상추 장난감이 가라앉고 있어!
Look, the bowl **is floating!**	봐봐, 그릇이 떠 있어!
But if you pour water in it, it sinks!	하지만 안에 물을 붓는다면, 가라앉아!
Can you guess if the toy will sink or float?	장난감이 가라앉을지 뜰지 추측할 수 있니?
Let's see if you're right.	네가 맞는지 확인해보자.
You got it!	정답이야!

욕조 밖으로 Day 5

 패턴: **Let's ~.**

우리 ~하자.

 서브 단어: take out, scoop out, dump out, fill up, pour out

로메이징 놀이: 아이들은 욕조에서 목욕하며 물을 담았다가 쏟아내는 것을 좋아해요. 이를 통해 물의 성질을 경험하면서 빼기, 퍼내기, 버리기, 채우기, 쏟기 같은 행동에 대한 단어를 배울 수 있어요.

I see water in the tub!	욕조 안에 물이 보여!
But I see no water outside.	하지만 밖에는 물이 안 보이네.
Let's take out some water!	물을 조금 빼보자!
Let's scoop it out with the bowl.	그릇으로 물을 퍼내보자.
Let's dump it out!	물을 쏟아버리자!
Let's fill up the bucket.	물을 통에 채워보자.
Let's pour it out!	물을 쏟아보자!

무거운 수건 Day 6

 패턴: **Let's see what happens if [문장].**

~하면 어떻게 되는지 보자.

 서브 단어: put, take out, squeeze out, wring out

로메이징 놀이: 수건을 물에 담갔다가 짜는 과정을 통해 물의 무게와 특성을 탐구해요. 수건이 물을 흡수하면 무거워지고, 짜면 다시 가벼워지는 변화를 관찰하며 아기는 물의 흡수와 배출, 무게 변화를 자연스럽게 이해할 수 있어요.

Let's see what happens if we put the towel in. 수건을 넣으면 어떻게 되는지 보자.

It gets wet. 수건이 젖었네.

Let's see what happens if we take it out. 수건을 꺼내면 어떻게 되는지 보자.

It gets heavy. 수건이 무거워졌어.

Let's see what happens if we squeeze it out. 수건을 짜면 어떻게 되는지 보자.

It loses a lot of water. 물이 많이 나오네.

Let's see what happens if we wring it out. 수건을 비틀면 어떻게 되는지 보자.

It gets light again. 다시 가벼워졌어.

(젖은 수건과 마른 수건을 비교하며) **This one is light, and this one is heavy.** 이건 가볍고, 이건 무거워.

비가 내려요 Day 7

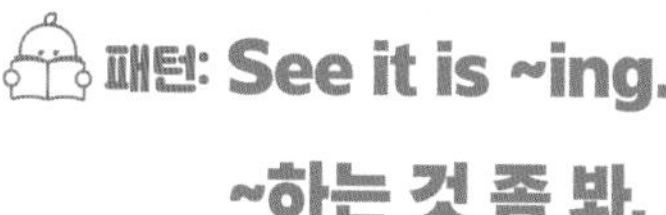

패턴: **See it is ~ing.**

~하는 것 좀 봐.

서브 단어: sprinkle, rain, pour

로메이징 놀이: 샤워기로 물을 조절하며 소근육 발달을 촉진시키고, 동시에 다양한 동사를 경험하고 학습할 수 있어요.

We can make rain with the shower.	샤워기로 비를 만들 수 있어.
Let's turn the water on just a little bit.	물을 조금만 틀어보자.
(물을 조금만 틀고) **See, it is sprinkling.**	보슬비가 내리는 것 좀 봐.
It is just a little bit of rain.	비가 아주 조금씩 내리네.
Let's turn it up a little more.	조금 더 틀어보자.
(물을 조금 더 틀고) **See, it is raining.**	비가 내리고 있는 걸 봐봐.
Drip drop drip drop.	뚝뚝뚝뚝.
Let's turn it up all the way!	완전히 다 틀어보자!
(물을 세게 틀고) **See, it is pouring!**	비가 쏟아지는 걸 봐봐!
It is a lot of rain!	비가 아주 많이 내려!

수상 시장

Day 8

 **패턴: You want ~!**

~를 원하는구나!

 **서브 단어: shopping basket, banana, apple, hotdog**

로메이징 놀이: 시장놀이를 하며 상상력과 창의력을 자극하고 손-눈 협응 능력을 도와줘요. 아기가 음식 장난감을 선택하고 통에 담는 과정을 통해 다양한 음식 이름을 배우고, 역할놀이를 통해 사회적 상호작용과 문제 해결 능력도 향상돼요.

Get your fresh fruits and vegetables!
What would you like today?
Ah, **you want** a banana! A banana!
What would you like?
Ah, **you want** an apple! An apple!
What would you like?
Ah, **you want** a hotdog! A hotdog!
Can you put them in the basket?
There you go. Enjoy!

신선한 과일과 채소 사세요!
오늘은 무엇을 원하시나요?
아, 바나나를 원하시는군요! 바나나!
무엇을 원하시나요?
아, 사과를 원하시는군요! 사과!
무엇을 원하시나요?
아, 핫도그를 원하시는군요! 핫도그!
바구니에 넣을 수 있나요?
여기 있어요. 맛있게 드세요!

로션 마사지 Day 9

 패턴: **Time for a ~ massage.**

~마사지할 시간이야.

 서브 단어: warm up, rub, massage

로메이징 놀이: 로션으로 전신 마사지를 하며 근육의 이완을 돕고 정서적 안정감을 높여줘요. 부드러운 손길로 로션을 발라주며 아기의 감각을 자극하고, 아기와의 유대감을 강화할 수 있어요.

Ready for a massage?	마사지할 준비됐니?
I'm warming up the lotion. Rub, rub, rub.	엄마가 로션을 따뜻하게 하고 있어. 문질문질.
Now, **time for a** leg **massage**. Up and down, up and down.	이제 다리 마사지할 시간이야. 위아래, 위아래.
Time for an arm **massage**. Stretch, stretch, stretch.	팔 마사지할 시간이야. 쭉, 쭉, 쭉.
Time for a belly **massage**. Side to side, side to side.	배 마사지할 시간이야. 옆으로, 옆으로.
Time for some snuggles!	안아줄 시간이야!

드라이기 바람 Day 10

 패턴: **How about ~?**

~하는 게 어때?

 서브 단어: turn on, blow on

로메이징 놀이: 드라이기의 시원한 바람을 쐬며 아이는 새로운 촉감을 경험하고 감각이 발달할 수 있어요. 바람의 강약을 바꾸며 몸으로 차이를 느껴보게 하면 더 즐겁게 놀이할 수 있어요.

How about we play with the hair dryer today?	오늘은 헤어드라이기와 놀아보는 게 어때?
How about you turn it on?	헤어드라이기를 켜볼까?
(차가운 바람으로 바꾸고) **How about** we blow it on Teddy's hand first?	먼저 테디 손에 바람을 쐬어보는 게 어때?
(인형 흉내 내면서) It feels cool!	시원해!
How about we blow it on his feet?	테디 발에 바람을 쐬어볼까?
(인형 흉내 내면서) It tickles!	간지러워!
Now, it's time to dry your hair!	자, 이제 머리 말릴 시간이야!

2주차:
Mealtime(식사 시간)

타깃 단어: plate, bowl, spoon, fork, chopsticks, cup

노래: It's Time To Eat by Pinkfong, Are You Hungry? by Super Simple Songs, The Table Song by Youkids

책: 《Yummy Yucky》 by Leslie Patricelli, 《Bunny Eats Lunch》 by Michael Dahl(Hello Genius), 《Max's Breakfast》 by Rosemary Wells

Day1	Day2	Day3	Day4	Day5
식기 하이파이브	감사합니다	식기 악기 놀이	시리얼 옮기기	맛있어요?
Day6	**Day7**	**Day8**	**Day9**	**Day10**
먹여주세요	많다, 적다, 없다!	색깔 찾기	무슨 맛이지?	식사 예절

• 로메이징 놀이는 모든 양육자를 위한 콘텐츠입니다. 가정마다 주 양육자가 다를 수 있으나, 설명에서는 '엄마'를 대표적으로 사용하고 있음을 양해 부탁드립니다.

식기 하이파이브 Day 1

 패턴: **Let's do a ~ high-five!**
우리 ~로 하이파이브하자!

서브 단어: spoon, chopsticks

로메이징 놀이: 숟가락, 젓가락 등 다양한 식기로 하이파이브를 하며 식기 이름을 배우고 손-눈 협응 능력과 근육 조절 능력을 향상시켜요. 다양한 요리 도구 단어(bowl, plate, cup, tray, pot, ladle)들을 추가로 확장해줄 수 있어요.

This is my spoon and that is your spoon.	이건 엄마 숟가락이고, 저건 네 숟가락이야.
Let's do a spoon **high-five!**	숟가락으로 하이파이브해보자!
Ching!	챙!
These are my chopsticks and those are your chopsticks.	이건 엄마 젓가락이고, 저건 네 젓가락이야.
Let's do a chopsticks **high-five!**	젓가락으로 하이파이브해보자!
Ching, ching!	챙, 챙!
Now, you pick what you like.	이제, 네가 좋아하는 걸 골라봐.

감사합니다 Day 2

 패턴: **Thank you for ~ing**

~해줘서 고마워요.

 서브 단어: eat, sit, try, hand, pass, cook, set, wash

로메이징 놀이: 아이와 함께 일상에서 감사할 일을 찾고, 작은 일에도 "고마워"라고 말하는 연습을 해보세요. "장난감 정리 도와줘서 고마워" "맛있는 음식 만들어주셔서 고마워"라고 말하며 감사하는 마음을 키울 수 있습니다.

(부모가 아기에게) **Thank you for** eating so nicely. 잘 먹어줘서 고마워.

Thank you for sitting at the table. 테이블에 앉아 있어줘서 고마워.

Thank you for trying Kimchi. 김치 먹는 걸 시도해줘서 고마워.

Thank you for handing me the cup. 컵을 건네줘서 고마워.

(아이가 부모에게/부모가 아이 흉내 내며 보여주기)

Thank you for passing me the wet wipes. 물티슈를 건네줘서 고마워요.

Thank you for cooking for us. 우리를 위해 요리해줘서 고마워요.

Thank you for setting the table. 식탁 차려줘서 고마워요.

Thank you for washing the dishes. 설거지해줘서 고마워요.

식기 악기 놀이 Day 3

패턴: **We're going to ~.**
우리 ~할 거야.

로메이징 놀이: 그릇, 젓가락 등 주방 도구로 다양한 소리를 만들어보세요. 도구를 두드리고 흔들면서 각각의 소리가 어떻게 다른지 들어봐요. 이 놀이를 통해 새로운 소리와 리듬을 탐구하며 감각 발달과 창의력을 키울 수 있어요.

We're going to turn the bowl upside down.	우리가 그릇을 뒤집을 거야.
Let's hit the bowl drums! Bang bang bang!	그릇 드럼을 쳐보자! 둥둥둥!
We're going to hold a plate in each hand.	손에 접시를 하나씩 들 거야.
Let's clash the plate cymbals! Clang!	접시 심벌즈를 부딪혀보자! 챙!
We're going to hold a chopstick in each hand.	손에 젓가락을 하나씩 들 거야.
Let's play the chopstick violin!	젓가락 바이올린을 연주해보자!
We're going to put a spoon in front of our mouth.	숟가락을 우리 입 앞에 둘 거야.
Let's blow the spoon trumpet! Toot, toot!	숟가락 트럼펫을 불어보자! 뿌뿌!

시리얼 옮기기 Day 4

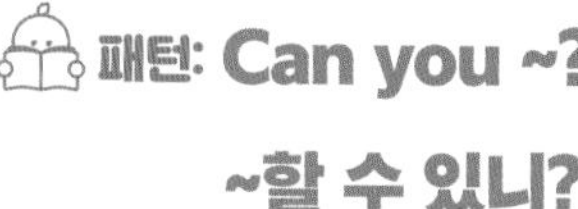
패턴: **Can you ~?**

~할 수 있니?

서브 단어: pick up, move, enjoy

로메이징 놀이: 젓가락, 숟가락, 집게 등을 이용해 시리얼을 그릇에서 다른 그릇으로 옮겨보세요. 이 과정을 통해 아기는 소근육을 발달시키고, 손과 눈의 협응력, 집중력도 향상시킬 수 있어요.

We have cereal on the plate. | 시리얼이 접시 위에 있어.

Can you pick up a piece of cereal? | 시리얼 한 조각 집을 수 있니?

Nice job! | 잘했어!

Now, **can you** move it to the bowl? | 그릇에 옮길 수 있니?

Awesome! | 잘했어!

Can you move the rest to the bowl, too? | 나머지도 그릇으로 옮길 수 있니?

Well done! | 잘했어!

Enjoy your cereal! | 맛있게 먹으렴!

맛있어요? Day 5

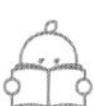 패턴: **Will you try ~?**

~시도해볼래?

 서브 단어: soft, crunchy, crisp, smooth

로메이징 놀이: 다양한 음식을 먹어보고 질감을 탐색하면서 아이들의 감각 발달을 돕고 음식에 대한 호기심과 즐거움을 느끼도록 도와주세요.

Let's try different kinds of food on the table.	테이블 위 다양한 음식을 먹어보자.
Will you try the soup?	수프 먹어볼래?
How is it? It's soft.	어때? 이건 부드러워.
Porridge is soft, too!	죽도 부드럽지!
Will you try kimchi?	김치 먹어볼래?
How is it? It's crunchy.	어때? 이건 아삭아삭해.
Carrots are crunchy, too!	당근도 아삭아삭해!
Will you try the dried seaweed?	김 먹어볼래?
How is it? It's crisp.	어때? 이건 바삭해.
Crackers are crisp, too!	과자도 바삭바삭해!
Will you try the banana?	바나나 먹어볼래?
How is it? It's smooth.	어때? 이건 부드러워.
Yogurt is smooth, too!	요거트도 부드러워!

먹여주세요 Day 6

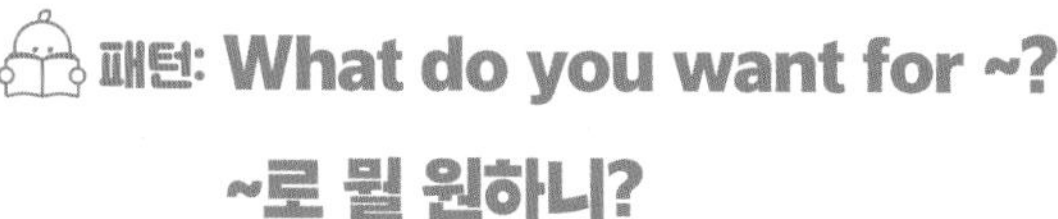

패턴: What do you want for ~?
~로 뭘 원하니?

서브 단어: hungry, feed

로메이징 놀이: 간식 시간에 아기와 함께 간식을 고르고 먹여주며 상호작용을 통해 소통 능력과 정서적 유대감을 키워요. 이 놀이를 통해 아기는 선택의 기쁨을 느끼고, 타인을 배려하는 마음을 배울 수 있어요.

It's snack time!	간식 시간이야!
What do you want for your snack today?	오늘 간식으로 뭘 원하니?
A watermelon? Or a banana?	수박? 바나나?
(아이 반응 기다리기)	
I'm hungry, too.	엄마도 배고프다.
Will you feed me, please? Ahhhh.	엄마 먹여줄래? 아.
You're the best!	네가 최고야!

많다, 적다, 없다! Day 7

 패턴: **Can you say~?**

~라고 말해볼래?

 서브 단어: a little, a lot, empty

로메이징 놀이: 물의 양을 비교하며 단어를 배우는 놀이예요. 물을 조금, 많이, 그리고 없을 때의 상태를 관찰하며 새로운 단어를 익혀보세요. 아기가 물의 양을 직접 보고 단어를 반복하며 말하는 과정을 통해 개념을 쉽게 이해할 수 있어요.

Let's get a little bit of water first.	먼저 물을 조금만 받아보자.
Look, that's just a little bit of water.	봐봐, 물이 아주 조금 있네.
Can you say 'a little'?	'조금'이라고 말해볼래?
Now, let's try to get a lot of water.	이제 물을 많이 받아보자.
Look at that! We have a lot of water now.	봐봐, 이제 물이 아주 많아.
Can you say 'a lot'?	'많이'라고 말해볼래?
Look, it's empty! There's no water left.	봐봐, 다 비었어! 물이 하나도 없어.
Can you say 'empty'?	'비었어'라고 말해볼래?

색깔 찾기 Day 8

패턴: Can you [find/spot/look for] ~?
~를 찾을 수 있니?

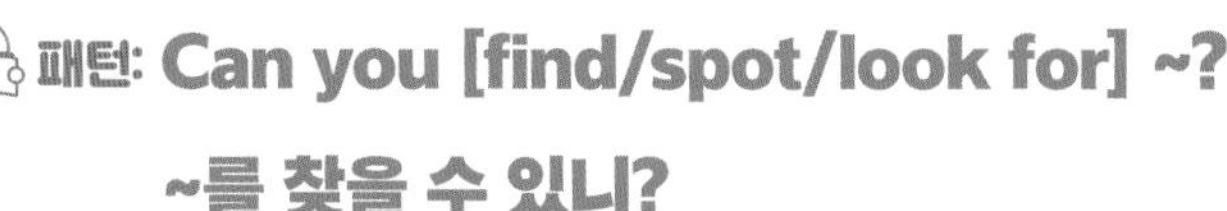

서브 단어: red, green, yellow

로메이징 놀이: 식사 시간에 색깔 찾기 게임을 하며 관찰력과 색깔 인식을 키워요. 아기와 함께 테이블 위에서 빨간색, 초록색, 노란색 물건을 찾아보고 색깔을 말해보며 관찰력과 표현력을 자연스럽게 향상시켜주세요.

We can play a fun game while we eat!
우리 먹으면서 재미있는 게임을 할 수 있어!

Can you find something red on the table?
테이블에서 빨간색 물건 찾을 수 있니?

Awesome! The watermelon is red. Can you say 'red'?
좋았어! 수박은 빨간색이야. '빨간색'이라고 말해볼래?

Can you spot something green on the table?
테이블에서 초록색 물건 찾을 수 있니?

Great job! The cucumber is green. Can you say 'green'?
잘했어! 오이는 초록색이야. '초록색'이라고 말해볼래?

Can you look for something yellow on the table?
테이블에서 노란색 물건 찾을 수 있니?

Perfect! The lemon is yellow. Can you say 'yellow'?
완벽해! 레몬은 노란색이야. '노란색'이라고 말해볼래?

You did an amazing job finding the colors on the table!
테이블에서 색깔 찾기 정말 잘했어!

무슨 맛이지? Day 9

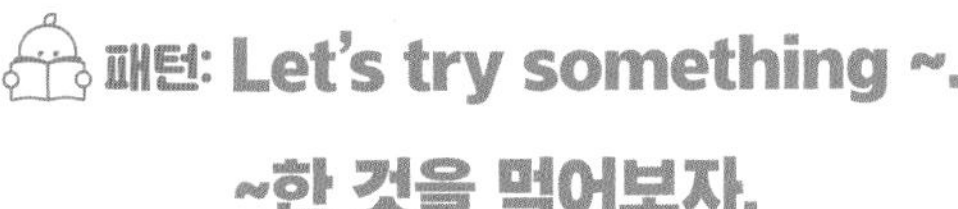

패턴: **Let's try something ~.**

~한 것을 먹어보자.

서브 단어: sweet, salty, sour

로메이징 놀이: 다양한 맛을 탐험해보며 미각을 자극하고 새로운 경험을 해봐요. 이 놀이를 통해 아기는 다양한 맛을 경험하고, 미각을 발달시키며, 자신이 좋아하는 것을 발견할 수 있답니다.

Let's explore different tastes today!	오늘 다양한 맛을 탐험해보자!
First, **let's try something** sweet.	먼저, 달콤한 것을 먹어보자.
Here's a piece of a ripe banana.	여기 잘 익은 바나나 한 조각이 있어.
Do you want to take a bite?	한입 먹어볼래?
Next, **let's try something** salty.	다음으로, 짭짤한 것을 먹어보자.
Here's a small piece of cheese.	여기 작은 치즈 한 조각이 있어.
Do you want to have a bite?	한입 먹어볼래?
Now, **let's try something** sour.	이제, 시큼한 것을 먹어보자.
Here's a slice of lemon.	여기 레몬 한 조각이 있어.
Do you want to lick it?	한번 핥아볼래?
Wow, we've tried so many different tastes today!	와, 오늘 정말 다양한 맛을 시도해봤어!
Which one was your favorite?	어떤 게 가장 마음에 들었니?

식사 예절 Day 10

패턴: **Don't forget to ~.**

~하는 거 잊지 마세요.

 서브 단어: wipe, sit up, use, chew

로메이징 놀이: 이 놀이를 통해 아이는 자연스럽게 식사 예절과 습관을 배우고, 특히 이 패턴은 "우리 어른에게 인사하는 거야"처럼 아이에게 예절이나 올바른 행동을 알려줄 때 유용하게 사용할 수 있어요.

We're going to learn about table manners today!	오늘은 식사 예절에 대해 배울 거예요!
Don't forget to wipe your hands before we eat.	먹기 전에 손 씻는 거 잊지 마세요.
We sit up nice and tall.	바르게 앉아요.
We use a spoon and a fork.	숟가락과 포크를 사용해요.
We use a napkin.	냅킨을 사용해요.
We chew with our mouth closed.	입을 다물고 씹어요.
Don't forget to use pleases and thank-yous.	'부탁해요'와 '고맙습니다'를 사용하는 거 잊지 마세요.

로메이징 패턴 정리

Basic Can you ~?

이 패턴은 다양하게 활용할 수 있는데 아이와의 상호작용에서는 능력에 대한 질문(~할 수 있니?)과 요청할 때 (~해줄 수 있니?) 많이 사용합니다. 자랑하고 싶어 하고 도움이 되고 싶어 하는 아이들에게 일부러 'Can you~?' 하며 기회를 제공할 수도 있어요. 누군가를 도와줬다는 뿌듯함을 느끼도록 'Can you~?' 하며 아이에게 도움을 요청해보세요.

- Can you go get your cup? (가서 네 컵 가져올 수 있니?)
- Can you open the door? (문 열 수 있니?)
- Can you take a bite? (한입 먹을 수 있니?)

Plus Can you say ~?

이 패턴은 아이에게 특정 단어나 문장을 따라 해보라고 할 때 사용해요. 새로운 단어를 배우거나 표현, 발음 등을 연습할 때 유용하게 사용할 수 있어요.

- Can you say 'apple'? ('사과'라고 말해볼 수 있니?)
- Can you say 'Thank you'? ('감사해요'라고 말해볼 수 있니?)
- Can you say 'Sorry'? ('미안해'라고 말해볼 수 있니?)

Plus Can you find/spot/look for ~?

실생활에서 가장 편하게 할 수 있는 놀이 중 하나가 찾기놀이예요. 아이의 탐색 능력과 관찰력을 키워줄 수 있기 때문에 자주 사용한답니다. 산책하면서, 병원에서 대기하면서, 식당에서 음식 기다리면서 등 찾기놀이를 할 때 많이 쓰는 표현이 'Can you find~?'인데 엄마와 아이의 어휘력 확장을 위해 'spot'과 'look for'를 번갈아 사용해보세요! 물론 뉘앙스는 살짝 달라요. find나 look for는 어디에 있는지 모르거나 아직 발견하지 못했을 때 사용하고, spot은 눈앞에 있어도 눈에 띄지 않아 주의 깊게 보고 발견해야 할 때 사용해요.

- Can you find a stick? (막대기 찾아볼 수 있니?)
- Can you look for a spoon? (숟가락 찾아볼 수 있니?)
- Can you spot a bus? (버스 찾아볼 수 있니?)

Plus Can you make ~?

블록놀이를 할 때, 소꿉놀이를 할 때, 미술놀이를 할 때 등 무언가를 만드는 활동을 아이들과 많이 할 거예요. 그때 뒤에 단어만 바꿔서 사용해보세요!

- Can you make a tower with these blocks? (이 블록으로 탑 쌓을 수 있니?)
- Can you make pancakes? (팬케이크 만들 수 있니?)
- Can you make a circle with a crayon? (크레파스로 동그라미 그릴 수 있니?)

Basic What do you want for ~?

아이가 원하는 것이 무엇인지 물어볼 때 사용하는 표현이에요. 주로 음식을 선택하거나 원하는 활동, 물건을 물어볼 때 사용해요. 아이가 선택권을 가질 수 있도록 도와주고 자신이 원하는 바를 표현하는 연습을 할 수 있답니다! 아이가 처음 대답하지 못할 때는 'I want~' 패턴을 활용해 엄마가 대답까지 해주면 좋아요!

- What do you want for breakfast? (아침으로 뭐 먹고 싶니?)

I want some cereal! (시리얼 먹고 싶어요!)

- What do you want for bath time? (목욕 시간에 뭐 갖고 놀고 싶니?)

I want my rubber ducky! (고무 오리 가지고 놀고 싶어요!)

• What do you want for your birthday? (생일 선물로 뭐 받고 싶니?)

I want a toy car! (장난감 자동차요!)

Plus You want ~/to ~!

기본 패턴이 직접적으로 아이에게 묻는 것이라면 이 패턴은 아이의 제스처, 표정, 행동 등을 보고 아이가 원하는 것을 예측하거나 확인할 때 사용해요. 아직 말이나 영어가 서툰 아이들에게 이 패턴을 사용하면 아이가 자신의 욕구를 표현하는 데 큰 도움이 될 거예요.

• You want an apple! (너 사과 먹고 싶구나!)

• You want your teddy bear! (네 곰인형을 원하는구나!)

• You want to do it on your own! (네가 스스로 하길 원하는구나!)

Basic Let's see if ~.

이 패턴은 어떤 상황이 사실인지 또는 가능한지 확인할 때 사용해요. 아이들과 있을 때 "우리 ~하는지 한번 보자!"라는 말을 생각보다 많이 하게 돼요. 아이가 어릴 때는 무언가를 원해서 막 울거나 떼를 쓸 때 "알겠어, 알겠어. ~하는지 보자!" 이렇게 달래는 데도 많이 쓰고, 큰 아이들과는 추측하고 누가 맞는지 확인할 때도 유용하게 쓸 수 있어요.

• Let's see if it's raining outside! (밖에 비가 오는지 보자!)

• Let's see if the store is open! (문 열었는지 보자!)

• Let's see if it's in the right hand. (그게 오른손에 있는지 한번 보자!)

Plus Let's see what happens if ~.

이 패턴은 특정 행동을 했을 때 어떤 결과가 나오는지 살펴보자는 제안으로, 아이들을 주목시키고 호기심을 자극하며 새로운 걸 가르쳐줄 때 쓰기 좋아요. 세상에서 당연하게 일어나는 일이 이 시기 아이들에게는 훌륭한 자극과 학습의 기회로 다가올 수 있기 때문에 꼭 거창한 실험이 아니더라도 이 표현을 일상에서 사용해보세요!

- Let's see what happens if we turn on this switch! (이 스위치를 켜면 어떻게 되는지 보자!)
- Let's see what happens if we mix the cold and hot water! (차가운 물이랑 뜨거운 물이랑 섞으면 어떻게 되는지 보자!)
- Let's see what happens if we drop it. (이거 떨어뜨리면 어떻게 되는지 보자!)

Basic Time for/to ~.

'~할 시간이야!'의 뜻으로 어떤 활동이나 일을 시작할 때 사용해요. 'Ready for/Ready to?'와 비슷하게 사용하죠. Time for 뒤에는 명사 형태, Time to 뒤에는 동사 형태를 넣어주면 돼요. 이 패턴을 사용하면서 아이에게 규칙적인 하루 루틴을 만들어줄 수 있답니다.

- Time for a diaper change! (기저귀 갈 시간이야!)
- TIme for lunch! (점심 먹을 시간이야!)
- Time for a nap! (낮잠 잘 시간이야!)
- Time to clean up! (정리할 시간이야!)
- Time to go! (갈 시간이야!)
- Time to wake up! (일어날 시간이야!)

Basic How about ~?

보통 '~하는 게 어때?' 하면 우리가 달달 외웠던 'Why don't you~?'가 떠오릅니다. 이 표현도 많이 쓰지만 'How about we~?'도 캐주얼하게 사용할 수 있어요! 아이들에게 무언가를 제시할 때 이 패턴을 사용해보세요.

- How about we have a snack? (우리 간식 먹는 게 어때?)
- How about we make the bed? (우리 잠자리 정리하는 게 어때?)
- How about we turn off the light? (우리 불 끄는 게 어때?)

영어 단어 깨알 지식

1. Rub vs. Scrub

둘 다 '닦다'의 의미지만 rub은 표면을 부드럽게 문지르는 것을 의미하고 scrub은 강한 힘을 주어 세게 문지르는 것을 의미합니다. rub은 로션을 바르는데 사용한다면 scrub은 스펀지나 브러시, 샤워타월로 때나 더러운 것을 벗겨낼 때 사용하는 것이죠.

- Let's rub your sunscreen in. (선크림 바르자.)
- Let's scrub the crayon marks off the table. (테이블에 있는 크레파스 자국을 문질러 지우자.)

2. Rub vs. Put on

로션을 처음 바를 때는 put on을 사용하고, 하얀색 로션이 보이지 않도록 펴서 바를 때는 rub을 사용해요.

3. Pepper vs. Chili

pepper는 여러 가지로 사용할 수 있는 포괄적인 단어예요. 후추, 피망, 파프리카, 고추 모두 pepper를 사용할 수 있어요. 정확히 말하면 pepper 앞에 세부적인 단어가 들어가지만 일상생활에서는 앞의 단어를 생략하고 pepper만 쓰는 경우도 있고요. (ex: black pepper, chili pepper, bell pepper) chili는 pepper 중 하나이고 주로 매운 고추를 의미해요. 원래는 chili pepper지만 일상생활에서는 주로 chili라고 해요.

- Do you want to put some pepper in the soup? (수프에 후추 넣고 싶니?)
- This dish has chili in it, so it might be a little spicy for you. (이 음식에 고추가 들어

있어서 너한테는 좀 매울 수도 있어.)

4. Squeeze vs. Wring

두 단어 모두 물건을 힘껏 짜는 동작을 나타내지만 squeeze는 손이나 다른 도구를 사용해 무언가를 꽉 누르고 짜내는 것을 뜻하고, wring은 물에 젖은 천이나 옷을 비틀어 물을 짜내는 것을 의미합니다. 양치할 때 치약을 짜거나 밥 먹을 때 케첩을 짜는 건 squeeze, 손수건을 짜는 것은 wring을 쓰는 거예요.

- Squeeze the lemon. (레몬을 짜봐.)
- We need to wring out the wet towel. (젖은 타월을 짜야 해.)

5. Crunchy vs. Crispy

아이들과 밥을 먹다 보면 음식의 질감에 대해서도 얘기를 하게 되는데요, 비슷해서 헷갈릴 만한 두 단어를 가지고 왔어요. crunchy는 오독오독, 아삭아삭 좀 더 단단한 것을 씹을 때 쓰고, crispy는 바삭바삭, 파삭파삭 얇고 가벼운 음식을 씹을 때 사용해요. crunchy는 견과류, 당근, 사과로 기억하고 crispy는 감자칩, 튀김옷을 기억하세요!

- These cucumbers are so crunchy. (이 오이 정말 아삭아삭해.)
- I love this crispy fried chicken skin. (엄마는 이 바삭바삭한 치킨 껍질 좋아해.)

6. Piece vs. Slice

piece와 slice 모두 부분을 의미하는데 piece는 정해진 모양 없이 '조각'의 의미로 사용하고 slice는 칼이나 도구를 활용해 평평하고 얇게 자른 길쭉한 형태의 조각을 뜻해요. piece는 별 형태 없이 자른 종이 조각으로, slice는 케이크, 피자, 빵 등 일정한 두께로 자른 음식으로 기억하세요!

- Do you want a piece of chocolate? (초콜릿 한 조각 먹을래?)

- Let's cut the apple into slices. (사과를 얇게 썰자.)

7. Rinse vs. Conditioner

두 단어 모두 샴푸 후의 과정과 관련이 있지만, 의미와 사용 방식이 완전히 달라요. Rinse는 동사로, 물로 무언가를 헹궈내는 것을 말해요. 샴푸 거품이나 비누를 씻어낼 때 자주 사용해요. 반면, Conditioner는 명사로, 샴푸 후 머릿결을 부드럽게 하고 보호해주는 헤어케어 제품을 뜻해요.

- Let's rinse your hair to wash off all the bubbles. (머리 거품을 다 씻어내기 위해 헹구자.)
- We'll put on some conditioner to make your hair soft and shiny. (머릿결을 부드럽고 윤기 나게 하려고 컨디셔너를 바르자.)

CHAPTER 4.
생후 24~36개월

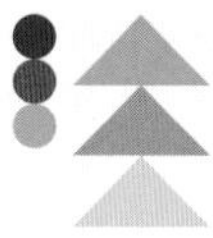

발달에 맞게 적극적으로 표현하기

24개월 이상 아이들은 점차 독립성과 상호작용을 보이며, 다양한 활동을 즐길 수 있어요. 아이들과 놀이를 할 때는 이를 참고해보세요!

① 대근육 발달:

- 공을 차고 던지기, 뛰기, 계단 오르기 등의 좀 더 활동적인 움직임을 통해 대근육을 발달시켜주세요.
- 블록 쌓기, 퍼즐 맞추기, 끈 꿰기 등의 활동으로 소근육과 손-눈 협응을 발달시켜 줄 수 있어요.

②소근육 발달:

- 24개월 이상의 아이들은 손가락 힘과 손-눈 협응력이 발달하면서 작은 물건을 집고, 도구를 활용하는 능력이 향상돼요.
- 블록을 쌓거나 퍼즐을 맞추며 정교한 움직임을 연습할 수 있으며, 클레이 놀이, 색칠하기, 스티커 붙이기 같은 활동을 통해 손 조절 능력을 키우고, 종이 찢기나 가위질로 손가락 근육을 단련해주세요.

③ 사회성 발달:

- 양육자와 함께 놀이하는 법을 가르쳐주세요. 차례를 기다리고, 함께할 수 있는 놀이를 해볼 수 있어요.
- 다른 아이들과 영어로 놀 기회를 주면 좋아요. 짧은 영어라도, 단어라도 괜찮아요.

④ 창의력 발달:

- 가이드에 쓰여 있는 놀이를 그대로도 해보고 조금 바꿔서도 해보며 창의력을 키워주세요. 준비물을 바꿀 수도 있고, 방법을 바꿀 수도 있어요.

⑤ 감정 조절:

- 아이가 감정을 표현할 수 있도록 도와주세요. 양육자도 놀이를 하며 "즐거워! 행복해!", "아쉬워, 슬퍼" 등 수시로 감정을 표현해보세요.
- 아이의 자존감과 긍정적인 행동을 강화해주기 위해 좋은 행동에 칭찬과 격려를 아끼지 마세요.

⑥ 언어 발달:

- 아이들이 점점 더 많은 단어를 익히고, 짧은 문장을 만들기 시작하는 시기예요. 그림책 읽기를 적극 활용하세요.
- 그림책을 읽으며 "이건 뭐야?", "무슨 색이야?" 같은 질문을 던지면서 아이의 언어적 표현을 유도해보세요.
- 아이의 말을 확장해주세요. 아이가 "강아지!"라고 말하면 "맞아! 강아지가 뛰고 있어."처럼 문장을 확장해 주세요.

⑦ 탐색과 문제 해결 능력:

- 24개월 이상 아이들은 호기심이 많고, 다양한 문제를 해결하는 경험을 통해 성장해요. 작은 문제 해결 경험을 쌓게 해주세요.
- "이 블록을 여기에 넣으면 어떨까?"와 같은 질문을 던져보세요. 단순히 정답을 알

려주기보다 아이가 스스로 시도해볼 수 있도록 유도하는 것이 좋아요. 일상도 새로운 시각으로 탐색하도록 도와주세요.

- 같은 것도 높은 곳, 낮은 곳, 뒤집어서, 빛이 다르게 비칠 때 등 다양한 각도에서 볼 수 있도록 유도하세요. (Day1 물 첨벙, Day 4 둥둥, Day 6 무거운 수건 참조)
- 익숙한 사물도 색다르게 바라볼 수 있도록 "이 수건은 왜 이렇게 무거울까?" 같은 질문을 던져보세요.

1주차:
House(우리 집)

타깃 단어: house, living room, bedroom, bathroom, kitchen

노래: My House by Pinkfong, Gingerbread House by Super Simple Songs, Parts of the House Song by Lingokids

책: 《Maisy's House》 by Lucy Cousins, 《Peace At Last》 by Jill Murphy

Day1	Day2	Day3	Day4	Day5
우리 집 투어	이게 어디 있더라?	숨바꼭질	우리 집에 왜 왔니	블록집 만들기
Day6	**Day7**	**Day8**	**Day9**	**Day10**
행진하기	어디로 갈래?	이불집 만들기	집안일 미션	신발 정리하기

• 로메이징 놀이는 모든 양육자를 위한 콘텐츠입니다. 가정마다 주 양육자가 다를 수 있으나, 설명에서는 '엄마'를 대표적으로 사용하고 있음을 양해 부탁드립니다.

우리 집 투어 Day 1

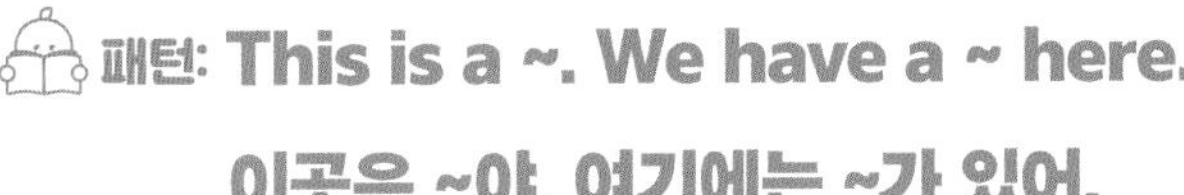
패턴: This is a ~. We have a ~ here.
이곳은 ~야. 여기에는 ~가 있어.

서브 단어: bed, fridge, couch, toilet, bathtub

로메이징 놀이: 우리 집의 방 이름을 배우며 공간 인식을 키워봐요. 아이와 함께 침실, 주방, 거실, 욕실을 다니며 각 방의 이름과 특징을 이야기해보세요. 놀이를 통해 방의 이름을 배우고 공간에 대한 이해와 인식을 발달시킬 수 있을 거예요.

We're going to learn the names of all the rooms in our house.	우리 집의 모든 방 이름을 배워볼 거야.
This is the bedroom.	이곳은 침실이야.
We have a bed **here.**	여기에는 침대가 있어.
Let's go to the place where we cook.	다음은 우리가 요리하는 곳으로 가보자.
This is the kitchen.	여기는 주방이야.
We have a fridge **here.**	여기에는 냉장고가 있어.
Let's move on to the room where we relax.	다음은 우리가 쉬는 방으로 가보자.
This is the living room.	여기는 거실이야.
We have a couch **here.**	여기에는 소파가 있어.
Let's visit the place where we take a bath.	목욕하는 곳으로 가보자.
This is the bathroom.	여기는 욕실이야.
We have a toilet and a bathtub **here.**	여기에는 변기와 욕조가 있어.

이게 어디 있더라? Day 2

 패턴: Can you go spot the ~?

~을 찾아볼 수 있겠어?

 서브 단어: recognize

로메이징 놀이: 사진으로 미리 찍어놓은 물건을 아이에게 보여주고 우리 집 어느 곳에 있는 물건인지 찾으며 관찰력과 기억력, 공간 인지 능력을 향상시켜요. 또한 문제 해결 능력도 키울 수 있어요.

(핸드폰 사진 보여주면서) **Do you recognize what this is?**	이게 뭔지 알겠어?
It's our fridge!	이건 우리 냉장고야!
Can you go spot the fridge?	냉장고 찾아볼 수 있겠어?
(물건을 찾은 후) **It's in the kitchen!**	냉장고는 주방에 있어!
Do you recognize what this is?	이게 뭔지 알겠어?
It's our bed.	이건 우리 침대야.
Can you go spot the bed?	침대 찾을 수 있겠어?
(물건을 찾은 후) **It's in the bedroom!**	침대는 침실에 있어!
Do you recognize what this is?	이게 뭔지 알겠어?
It's our couch.	이건 우리 소파야.
Can you go spot the couch?	소파 찾을 수 있겠어?
(물건을 찾은 후) **It's in the living room!**	소파는 거실에 있어!

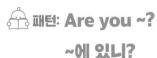

숨바꼭질 Day 3

 패턴: **Are you ~?**
~에 있니?

 서브 단어: count, hide, find

로메이징 놀이: 아이와 숨바꼭질을 하며 공간 인지 능력과 문제 해결 능력을 키우고, 신체 활동을 통해 운동 발달을 촉진시켜요.

(손을 들고) **Who's ready to play hide and seek?**	숨바꼭질할 준비된 사람 누굴까?
I'll be it! I'll count to ten.	엄마가 찾을게! 열까지 세볼게.
You go hide!	숨어봐!
One, two, three~	하나, 둘, 셋~
I am coming! Where are you?	찾으러 간다! 어디 있지?
Are you in the bedroom?	침실 안에 있니?
Gotcha! I found you!	잡았다! 찾았어!
Where could they be?	아기들이 어디 있을까?
Are you behind the couch?	소파 뒤에 있니?
Are you behind the curtains?	커튼 뒤에 있니?

under the table / inside the closet / next to the fridge / in the bathroom
테이블 아래에 / 옷장 안에 / 냉장고 옆에 / 욕실 안에

우리 집에 왜 왔니

Day 4

 패턴: **You must be ~.**

너 ~하구나.

 서브 단어: cat, donkey, dog

로메이징 놀이: 핸드폰으로 구글에 접속 후 원하는 동물을 검색하고 '3D 보기-내가 있는 공간에서 보기'를 실행해요. 아기와 함께 각 동물의 모습을 3D 기능을 통해 생생하게 경험해보세요.

I see a cat in our bedroom!	우리 침실에 고양이가 있어!
(동물에게) **What brings you here?**	여기에 어떻게 왔니?
Ah, you must be sleepy. Have a good sleep!	아, 너 졸리구나. 잘 자!
I see a donkey in the kitchen!	우리 주방에 당나귀가 있어!
(동물에게) **What brings you here?**	여기에 어떻게 왔니?
Ah, you must be hungry. Have a good meal!	아, 너 배고프구나. 맛있게 먹어!
I see a dog in our living room!	우리 거실에 강아지가 있어!
(동물에게) **What brings you here?**	여기에 어떻게 왔니?
Ah, you must be bored. Let's play together!	아, 심심하구나. 같이 놀자!

블록집 만들기 Day 5

패턴: **Why don't we make a ~ and put a ~ in it?**
~을 만들고 그 안에 ~을 놓는 건 어때?

서브 단어: build, make, put

로메이징 놀이: 블록으로 집과 방을 만들며 각 방의 기능과 구조를 이해하고, 공간 인지 능력과 창의력, 소근육 발달을 도와줘요. 손과 눈의 협응 능력을 발달시킬 수 있어요.

Let's build a block house!	블록으로 집 짓기 하자!
Why don't we make a bedroom **and put a** bed **in it?**	침실을 만들고 그 안에 침대를 놓는 게 어때?
Why don't we make a kitchen **and put a** fridge **in it?**	주방을 만들고 그 안에 냉장고를 놓는 게 어때?
Why don't we make a bathroom **and put a** toilet **in it?**	욕실을 만들고 그 안에 변기를 놓는 게 어때?
Why don't we make a living room **and put a** couch **in it?**	거실을 만들고 그 안에 소파를 놓는 게 어때?

행진하기 Day 6

패턴: **Let's A to the B.**

우리 B로 A해보자.

서브 단어: travel, roll, squat, jump, crawl

로메이징 놀이: 다양한 동작을 하며 집 안의 방으로 행진해요. 이 놀이를 통해 아이는 대근육 발달을 촉진시키고, 다양한 신체 동작을 연습하면서 운동 능력과 균형 감각을 향상시킬 수 있어요.

We are going to travel all around the house.	집 주변을 재미있게 여행해볼 거야.
Let's roll to the living room!	거실로 굴러가자!
Roll, roll, roll!	데굴, 데굴, 데굴!
Let's squat **to the** playroom.	놀이방으로 쪼그려 앉아서 가보자.
Squat, squat, squat!	쭈그려, 쭈그려, 쭈그려!
Let's jump **to the** bathroom.	욕실로 점프해보자.
Boing, boing, boing!	깡총, 깡총, 깡총!
Let's crawl **to the** kitchen.	주방으로 기어가자.
Crawl, crawl, crawl.	기어가, 기어가, 기어가.

어디로 갈래? Day 7

 패턴: **We're going ~.**

~ 가고 있어.

 서브 단어: up, down, left, right, fast, slow

로메이징 놀이: 엄마 비행기를 타고 방을 여행하며 공간 인지 능력과 상상력을 키워봐요. 화장실, 침실, 거실, 놀이방, 주방 등 다양한 방을 탐험하며 방향 감각과 신체 조절 능력, 균형 감각을 키울 수 있어요.

Mommy Plane is ready! All aboard!	엄마 비행기가 준비됐어! 어서 타!
Where do you want to go?	어디로 가고 싶니?
We have several options: the bathroom, bedroom, living room, playroom, and kitchen.	여러 가지 선택지가 있어: 화장실, 침실, 거실, 놀이방, 그리고 주방.
You can pick one.	하나를 선택할 수 있어.
Buckle your seat belt. Take off!	안전벨트를 매. 이륙!
We're going up.	올라가고 있어.
We're going down.	내려가고 있어.
We're going fast.	빨리 가고 있어.
We're going slow.	천천히 가고 있어.
We're going to the left.	왼쪽으로 가고 있어.
We're going to the right.	오른쪽으로 가고 있어.
We are landing. Time to get off.	우리 착륙 중이야. 내려야 해.

이불집 만들기 Day 8

 패턴: **Let me ~.**

엄마가 ~할게.

 서브 단어: blanket, chair

로메이징 놀이: 의자 두 개에 이불을 걸쳐 담요 집을 만들며 협동심을 배우며 창의력을 발휘할 수 있습니다. 또한 담요 집 안에서 다양한 활동을 하며 상상력을 키울 수 있어요.

Let's make a blanket house!	담요 집을 만들어보자!
Two chairs, please!	의자 두 개 가져와줘!
Let me put them like this.	엄마가 이렇게 놓을게.
A blanket, please!	담요 하나 가져와줘!
Let me put it over the chairs.	엄마가 의자에 담요 걸칠게.
Our blanket house is done!	우리의 담요 집이 완성됐어!

집안일 미션 Day 9

 패턴: **Who's going to ~?**

누가 ~할래?

 서브 단어: organize, dust, make the bed

로메이징 놀이: 아이와 함께 간단한 집안일을 하며 가족 구성원으로서의 책임감을 배우게 하고, 이를 통해 협동심과 자립심을 키워요. 아이는 집안일의 중요성을 배우고, 작은 일이라도 가족을 위해 할 수 있다는 자부심을 느낄 수 있어요.

Who's going to help me with the chores?	누가 엄마 청소하는 거 도와줄래?
Me, me, me!	저요, 저요, 저요!
Who's going to organize the books?	누가 책 정리할래?
Me, me, me!	저요, 저요, 저요!
Who's going to dust the shelves?	누가 책상 위에 먼지 털래?
Me, me, me!	저요, 저요, 저요!
Who's going to make the bed?	누가 잠자리 정리할래?
Me, me, me!	저요, 저요, 저요!
You're such a great helper!	넌 정말 멋진 도우미야!

신발 정리하기 Day 10

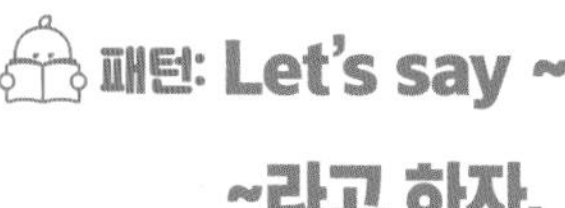

패턴: **Let's say ~.**

~라고 하자.

서브 단어: other, pair, same

로메이징 놀이: 신발 정리 놀이를 하며 집에 대한 책임 의식을 배우고 정리정돈 습관을 가지게 해요. 정리 과정을 통해 아이에게 자립심과 협동심을 심어주세요.

Look at this mess!	이런, 난장판이네!
Let's say all these shoes live in the entryway.	이 모든 신발이 현관에 산다고 하자.
All of these shoes have their own room.	모든 신발은 자기 방이 있어.
This shoe lives here.	이 신발은 여기에 살아.
Where is the other shoe?	이 신발 짝은 어디 있을까?
Here it is!	여기 있네!
They look the same!	이 두 개가 똑같이 생겼다!
They are a pair.	이 두 개는 한 쌍이야.
Let's say this is their room.	여기가 이 신발들의 방이라고 하자.
This pair lives here.	이 쌍은 여기에 살아.

2주차:
Family(우리 가족)

타깃 단어: mommy, daddy, brother, sister, baby, grandma, grandpa

노래: Finger Family by Kids Academy, My family by Pinkfong, My Family by Juny Tony

책: 《The Family Book》 by Todd Parr, 《Bear's Busy Family》 by Stella Blackstone

Day1	Day2	Day3	Day4	Day5
하이파이브!	손가락, 발가락 마사지 챈트	가족 사진 찍기	옷 바꿔 입기	우리 가족 그리기
Day6	**Day7**	**Day8**	**Day9**	**Day10**
사랑의 전화	다른 가족은?	지퍼백 선물	이 옷 누구 거지?	가족 탑 쌓기

• 로메이징 놀이는 모든 양육자를 위한 콘텐츠입니다. 가정마다 주 양육자가 다를 수 있으나, 설명에서는 '엄마'를 대표적으로 사용하고 있음을 양해 부탁드립니다.

하이파이브! Day 1

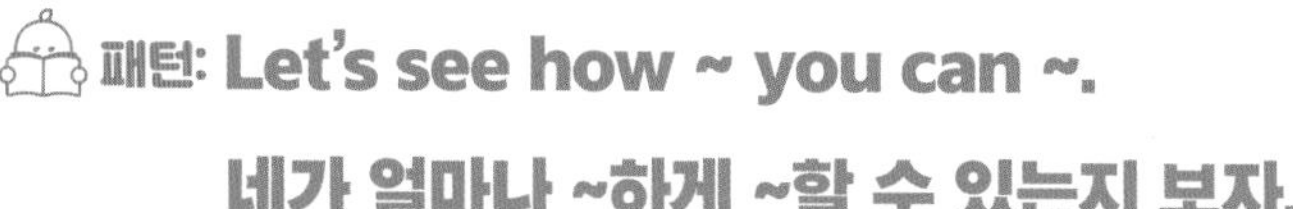

패턴: Let's see how ~ you can ~.
네가 얼마나 ~하게 ~할 수 있는지 보자.

서브 단어: high, jump, fast, spin

로메이징 놀이: 가족 구성원들과 하이파이브를 하면서 긍정적인 상호작용을 통해 사회적 유대감을 강화하고 협동심과 소통 능력을 향상시켜요.

Let's give everyone in the family a big high-five!	가족 모두에게 큰 하이파이브를 해보자!
Jump and give Daddy a high-five.	점프하고 아빠에게 하이파이브하렴.
Let's see how high you can jump!	네가 얼마나 높게 점프할 수 있는지 보자!
Spin and give Mommy a high-five.	돌아서 엄마에게 하이파이브하렴.
Let's see how fast you can spin!	네가 얼마나 빠르게 돌 수 있는지 보자!
Run and give Mommy a high-five.	뛰어서 엄마에게 하이파이브하렴.
Let's see how fast you can run!	네가 얼마나 빠르게 달릴 수 있는지 보자!
Wiggle and give your aunt a high-five.	몸을 꾸물거리며 이모에게 하이파이브하렴.
Let's see how well you can wiggle!	네가 얼마나 잘 꾸물거리는지 보자!

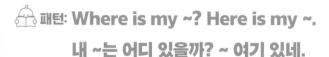

손가락, 발가락 마사지 챈트 Day 2

패턴: **Where is my ~? Here is my ~.**
내 ~는 어디 있을까? ~ 여기 있네.

서브 단어: mommy, daddy, brother, baby

로메이징 놀이: 가족 챈트를 부르며 아이와 즐거운 마사지 시간을 가져보세요. 아이의 손가락과 발가락을 마사지해 혈액순환을 돕고 가족 간의 건강한 유대감을 형성해요. 다른 가족 구성원도 챈트에 넣어서 함께 놀이해보세요.

Where is my mommy?	엄마는 어디 있을까?
Here is my mommy.	엄마 여기 있네.
Where is my daddy?	아빠는 어디 있을까?
Here is my daddy.	아빠 여기 있네.
Where is my brother?	동생은 어디 있을까?
Here is my brother.	동생 여기 있네.
Where is my baby?	우리 아가는 어디 있을까?
Here is my baby.	우리 아가 여기 있네.

가족 사진 찍기 Day 3

패턴: **Can you find ~ and take ~'s picture?**
~을 찾아서 사진 찍어줄 수 있어?

서브 단어: take, snap

로메이징 놀이: 아이가 스마트폰으로 가족들의 사진을 찍어보게 해주세요. 이 놀이를 통해 창의력과 관찰력을 발달시킬 수 있어요. 아이가 포토그래퍼가 되어 소중한 추억을 만들고 예술적 표현력을 키우며 성취감을 깨워줘요.

You're going to be a photographer today!	오늘은 네가 특별한 사진사가 될 거야!
Can you find Mommy **and take** her **picture?**	엄마를 찾아서 사진 찍어줄 수 있니?
Say 'Smile'!	'웃어'라고 말해봐!
Now, **can you find** Daddy **and snap** his **picture?**	이제 아빠를 찾아서 사진 찍어줄 수 있니?
Say 'Cheese'!	'치즈'라고 말해봐!
Can you find your sister **and take** her **picture?**	네 누나를 찾아서 사진 찍어줄 수 있니?
Say 'Happy'!	'행복해'라고 말해봐!

옷 바꿔 입기 Day 4

패턴: You look A in B.
B를 입으니 정말 A하다.

서브 단어: silly, funny, hilarious, ridiculous

로메이징 놀이: 가족의 옷을 바꿔 입으며 재미있게 놀아보세요. 아이의 상상력과 표현력을 키우고, 가족 간의 유대감과 정서적 친밀감을 강화하는 데 도움이 됩니다.

Let's swap our clothes for fun!	우리 옷 바꿔 입고 놀아보자!
Whose clothes do you want to try on?	누구 옷을 입어보고 싶니?
Oh, you want Daddy's pants!	오, 아빠 바지를 원하는구나!
(다 입고 나서) **You look so silly in his pants!**	네가 아빠 바지 입으니까 정말 웃기다!
Let's have your little brother try on your skirt.	남동생한테 네 치마 입혀보자.
(다 입고 나서) **He looks so funny in your skirt!**	동생이 네 치마 입으니까 정말 웃기다!
Let's have you try on my dress.	엄마 드레스 입어보자.
(다 입고 나서) **You look hilarious in my dress!**	네가 엄마 드레스 입으니까 정말 웃기다!
Let me try on your brother's long johns.	엄마가 네 동생 내복 입어볼게.
(다 입고 나서) **I look so ridiculous in his long johns.**	엄마가 네 동생 내복 입으니까 정말 웃기다!

우리 가족 그리기 Day 5

 패턴: **How about A for B?**

B로는 A가 어떨까?

서브 단어: draw, add, put

로메이징 놀이: 아기와 함께 가족 구성원의 얼굴을 그리며 재미있게 놀아보세요. 가족 얼굴을 그리며 아이들의 관찰력과 표현력, 소근육을 키우고, 가족 구성원에 대한 이해와 유대감을 강화해요.

Let's draw our family picture!	우리 가족 그림을 그려보자!
Who do you want to start with?	누구 먼저 그릴래?
Can you draw a big circle for Daddy's face?	아빠 얼굴을 그리기 위해 큰 원을 그려 줄 수 있니?
How about two small circles **for** eyes?	눈으로는 두 개의 작은 동그라미가 어떨까?
Can you add one triangle for a nose?	코를 위해 삼각형 하나 더해줄 수 있니?
How about a half-circle **for** a mouth?	입으로는 반원 하나 어때?
Can you put straight lines for hair?	머리카락으로는 직선을 그려줄 수 있니?
It's done!	다 그렸다!

사랑의 전화 Day 6

 패턴: **Can you press ~?**

~를 누를 수 있니?

 서브 단어: call, press

로메이징 놀이: 조부모님이나 친척들에게 전화를 걸어 사랑한다고 얘기하며 가족의 소중함을 느껴봐요. 놀이를 통해 전화 영어 표현을 배우고 따뜻한 감정을 나눠요.

We are going to call your uncle on the phone.	우리는 삼촌에게 전화할 거야.
Can you press the numbers for me?	번호를 눌러줄래?
Can you press the green call button?	초록색 전화 버튼을 누를 수 있니?
We're going to tell him that we love him.	우리가 삼촌을 사랑한다고 말할 거야.
(전화하며) Hey, Uncle Kenny! How are you?	안녕, 케니 삼촌! 잘 지냈어요?
Can you do a video call?	영상 통화할 수 있어요?
[아이 이름] has something to say. One, two, three!	[아이 이름]이 할 말이 있대요. 하나, 둘, 셋!
I love you!	사랑해요!

다른 가족은? Day 7

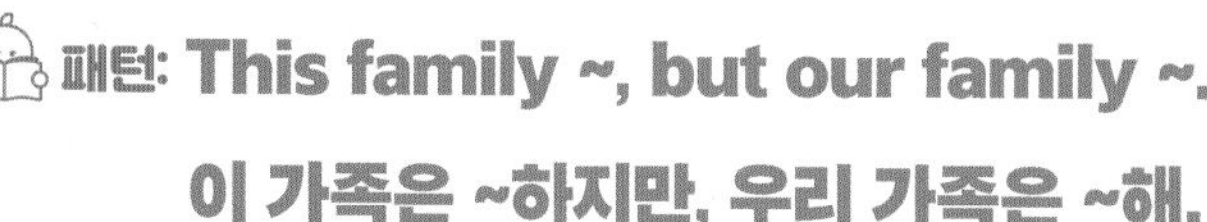

패턴: This family ~, but our family ~.

이 가족은 ~하지만, 우리 가족은 ~해.

서브 단어: big, small, different

로메이징 놀이: 다양한 가족을 비교하고 다른 가족과의 차이점을 이야기하며 아이의 사고력을 확장하고, 자기 가족에 대한 이해와 소속감을 높일 수 있어요.

How is this family different from us?
This family is big, **but our family** is small.
This family has two girls, **but we** have only one girl.
This family has a dog, **but we** have a cat.

We are different!

이 가족과 우리 가족은 어떻게 다를까?
이 가족은 많지만, 우리 가족은 적어.
이 가족은 두 명의 자매가 있지만, 우리는 한 명만 있어.
이 가족은 강아지를 키우지만, 우리는 고양이를 키워.
우리는 달라!

지퍼백 선물 Day 8

 패턴: **Why don't we ~?**

~하는 게 어때?

 서브 단어: goodie, bag, stickers

로메이징 놀이: 가족을 위한 선물 주머니를 만들며 아이들의 손재주를 키우고, 가족에 대한 애정과 감사의 마음을 표현할 수 있어요. 이 활동은 협동심을 기르고 사회적 유대감을 강화하는 데 도움이 돼요.

Why don't we make goodie bags for our family?	우리 가족을 위해 멋진 선물 주머니를 만드는 게 어때?
Put all kinds of goodies in each bag.	가방에 다양한 간식을 넣어봐.
Decorate the bags with stickers.	스티커로 가방을 장식해봐.
Write names on each bag.	가방에 이름을 적어봐.
Why don't we give them out now?	이걸 나눠주는 게 어때?

이 옷 누구 거지? Day 9

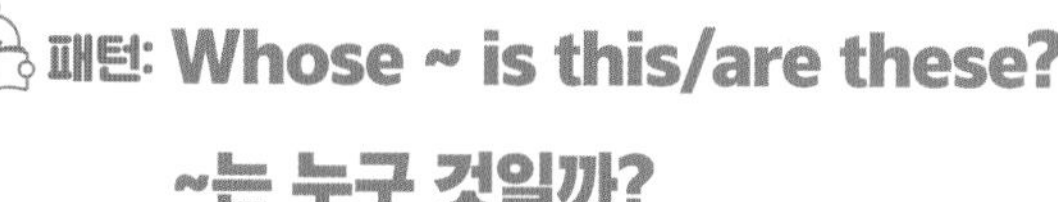
패턴: **Whose ~ is this/are these?**
~는 누구 것일까?

서브 단어: : underwear, dress, T-shirt

로메이징 놀이: 빨래를 개면서 누구의 옷인지 맞춰봐요. 관찰력과 기억력을 향상시키고 정리정돈의 중요성과 책임감을 배워요. 쉬운 빨래 개기 놀이를 통해 아이의 생활 능력을 키워주고, 함께하는 시간을 통해 즐거운 추억을 만들어보세요.

Will you help me fold the laundry?	빨래 접는 거 도와줄래?
Let's have fun guessing whose clothes are whose.	누구 옷인지 재미있게 추측해보자.
Whose pants are these?	이 바지는 누구 것일까?
You're right! These are Daddy's.	맞아! 이건 아빠 거야.
Whose underwear is this?	이 속옷은 누구 것일까?
Yes, this is yours.	맞아, 네 거야.
Whose dress is this?	이 원피스는 누구 것일까?
Nice guess, but this is Mommy's.	좋은 추측이지만, 이건 엄마 거야.
Whose T-shirt is this?	이 티셔츠는 누구 것일까?
Not quite, this is your little brother's.	아니야, 이건 네 동생 거야.

가족 탑 쌓기 Day 10

 **패턴: needs to ~.**

~ 해야 해.

 서브 단어: : go, come up

로메이징 놀이: 가족이 다 같이 누워 재미있게 탑을 쌓아봐요. 이 놀이를 통해 협동심과 창의력을 키울 수 있고 순서와 규칙을 배울 수 있어요.

Let's make a family tower.	가족 탑을 만들어보자.
Daddy **needs to** go first.	먼저 아빠가 가야 해.
Then Mommy **needs to** go.	그다음에 엄마가 가야 해.
You **need to** come up next.	그다음 너도 올라와야 해.
Now your little brother on the top!	이제 네 동생이 맨 위로 올라가!
Yay, it's a family tower!	와, 가족 탑을 만들었어!
Wibble wobble wibble wobble. It's falling!	흔들흔들. 쓰러진다!

로메이징 패턴 정리

Basic Let me ~.

아이 키울 때 이 패턴은 필수예요. 'Let me'가 '~해줄게'의 의미이기 때문에 많은 것을 혼자 하지 못하는 아이들에게 많이 사용하게 된답니다. "Let me brush your teeth(엄마가 이 닦아줄게)" "Let me tuck you in(엄마가 이불 끝까지 덮어줄게)"처럼요. 많이 쓰는 'Let me' 패턴 3가지를 뽑아봤어요.

Plus Let me know if you ~.

무언가 필요하거나 불편하면 엄마한테 얘기하라고 아이에게 말하는 거예요.

- Let me know if you are hungry. (배고프면 엄마한테 알려줘.)
- Let me know if you need anything. (필요한 게 있으면 엄마한테 말해줘.)
- Let me know if you feel tired. (피곤하면 알려줘.)

Plus Let me help you ~.

간단하게는 "Let me help you with that(엄마가 그거 도와줄게)"이라고 많이 사용하고, 더 세부적으로 얘기할 때는 뒤에 도움이 필요한 것을 얘기해요.

- Let me help you with your homework. (엄마가 숙제 도와줄게.)
- Let me help you put on your shoes. (엄마가 신발 신는 거 도와줄게.)
- Let me help you carry that. (엄마가 그거 들어줄게.)

Plus Let me see ~.

아이가 도움을 요청하거나 제안을 하면 엄마가 한번 보거나 체크해야 하는 상황이 있어요. 예를 들어, 아이가 아프다고 하거나 자신이 만든 것을 뽐내고 싶어 할 때요. 그럴 때 이 패턴을 사용해보세요.

- Let me see your knee. (네 무릎 좀 볼게.)
- Let me see what you made. (네가 만든 것 좀 볼게.)
- Let me see how it works. (어떻게 하는 건지 한번 볼게.)

Basic You must be ~.

이 패턴은 아이의 상태나 상황을 확신 있게 추측할 때 사용해요. 예를 들어 밖에서 뛰어놀고 와서 간식을 찾을 때 "You must be hungry(우리 아가 배고프구나)!" 늦은 밤에 아이가 꾸벅꾸벅 졸고 있을 때, "You must be sleepy(우리 아가 졸리구나)!" 하는 것이죠.

- You must be excited to go to the park! (공원에 가서 신나겠다!)
- You must be cold without your jacket. Let's put it on. (자켓 없어서 춥겠다. 자켓 입자.)
- You must be hungry since you didn't eat breakfast. (아침을 안 먹어서 배고프겠다.)

Basic ~, please!

아이들이 금방 따라 하는 패턴 중 하나면서 굉장히 광범위하게 사용해요. 이 패턴은 단순하게 "Toys, please(장난감 주세요)!"처럼 물건을 달라고 할 때도 쓸 수 있고 행동을 요청하거나 부탁할 때도 사용할 수 있어요. 특히 아이가 잘못된 행동을 멈추고 교정하길 원할 때 유용하게 사용할 수 있죠. 단어에 please만 붙이면 되니 참 쉽죠? 물론, 문장 뒤에 붙여서 유용하게 사용할 수 있는 점 기억해주세요.

- Inside voice, please! (조용히 얘기해주세요.)

• Walking feet, please! (걸어서 가주세요.)

• Clean hands, please! (깨끗한 손으로 해주세요.)

Basic Do you recognize ~?

아이가 이전에 보거나 경험한 것을 기억하고 알아보는지 물어볼 때 사용해요. 아이의 기억을 되살리며 대화를 이끌어갈 수 있어 기억력 향상에도 도움이 될 거예요. 예를 들어, 한 번 가봤던 장소를 다시 방문할 때나 이전에 읽었던 책을 다시 읽을 때 매우 유용한 패턴이랍니다.

• Do you recognize this toy? It was your favorite when you were little. (이 장난감 알아보겠어? 네가 어렸을 때 가장 좋아했던 거야.)

• Do you recognize where it is? It is your bedroom! (어딘지 알아보겠니? 이거 네 침실이잖아!)

• Do you recognize this song? This is your daddy's favorite! (이 노래 뭔지 알겠어? 아빠가 가장 좋아하는 노래잖아!)

Basic Let's have A ~.

이 패턴은 상대방에게 제3자에 대해 얘기를 하는 것이에요. 간접적으로 제3자에게 제안하거나 부드럽게 책임을 권유할 때, 요청할 때 사용해요. 예를 들어 누나가 동생 스스로 할 수 있는 일을 대신하려고 할 때 또는 다 같이 치우기로 했는데 동생이 안 할 때 "동생이 하도록 하자"라고 말할 수 있는 것처럼요.

• Let's have the teacher cut the paper. (선생님이 종이 자르시게 하자.)

• Let's have daddy cook. (아빠가 요리하시게 하자.)

• Let's have Roa clean her room. (로아가 로아방 청소하도록 하자.)

영어 단어 깨알 지식

1. Couch vs. Sofa

우리나라에서는 소파라고 부르는 이 의자, 영어로는 couch라고 얘기하는 걸 들어본 적 있을 거예요. '소파가 영어 아니었나?'라고 생각하는 분도 계시죠? 사실 둘 다 영어 맞습니다. 다만 뜻이 조금 달라요. couch는 푹신하고 캐주얼하게 가정에서 쓰는 '소파'를 뜻하고 sofa는 격식 있고 고급스러운 느낌의 '소파'를 말합니다.

- Kids are jumping on the couch. (아이들이 소파에서 뛰네.)
- Please have a seat on the sofa. (소파에 앉으세요.)

2. Fridge vs. Freezer

fridge는 우리가 어릴 때 refrigerator라고 배웠던 냉장고의 짧은 버전이고 freezer는 아이스크림 같은 냉동식품을 보관하는 냉동실을 얘기합니다. 두 단어가 비슷해서 저도 헷갈렸던 기억이 있어요. 이 단어를 넣어서 5번만 아이에게 얘기해보면 금방 차이를 익힐 수 있을 거예요. "로아야, 우리 fridge에 뭐 있는지 열어볼까?" "Freezer에서 아이스크림 좀 꺼내줄래?" 이렇게요!

- Can you grab the juice from the fridge? (냉장고에서 주스 좀 가져다줄래?)
- Can you put the ice cream in the freezer? (냉동실에 아이스크림 좀 넣어줄래?)

3. Coat vs. Jacket

일반적으로 coat는 골반 밑으로 내려오는 기장으로 jacket보다 더 길고 두꺼우며 추운 날씨에 착용하는 반면, jacket은 허리나 엉덩이 정도까지 내려오는 비교적 가벼운 겉옷을 뜻합니다. 하지만 jacket이나 coat는 지역에 따라 혼용해서 사용하기도 해요.

• You'll need your coat for the snow today. (오늘 눈 오니까 코트 입어야 해.)

• Grab your jacket, it's a little chilly. (재킷 챙기자. 조금 쌀쌀해.)

4. Underwear vs. Undies

둘 다 속옷을 뜻하지만 underwear는 살에 직접적으로 닿는 모든 종류의 속옷을 뜻하는 좀 더 포괄적인 표현이며, undies는 주로 아이들에게 사용하는 귀여운 표현의 팬티예요. 팬티, 브래지어, 러닝셔츠 모두 underwear라고 한다면, undies는 팬티를 가리키는 아이용 단어예요.

• Don't forget to pack all your underwear - your undershirts, your long johns, and your undies! (네 속옷 다 챙기는 거 잊지 마 - 러닝셔츠, 내복, 그리고 팬티도!)

• Pull down your undies when you go potty. (화장실 갈 때 팬티 내려야 해.)

5. Manners vs. Manner

우리나라 말로 "매너 지키세요"의 '매너'는 하나지만 영어로는 두 가지의 뜻이 있어요. 복수 형태의 manners는 예절, 예의, 사회적 규범 등을 뜻하고 단수 형태의 manner는 어떤 행동을 하는 방식이나 태도를 뜻해요. 이건 예문을 봐야 바로 느낌이 올 거예요!

• You need to have good manners at the table. (식사 시간에 매너를 지켜야 한단다.)

• Please speak in a kind manner to your friends. (친구들에게는 친절한 태도로 말해야 해.)

CHAPTER 5.

생후 36~48개월

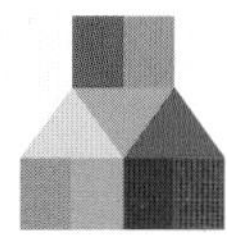

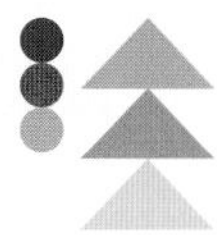

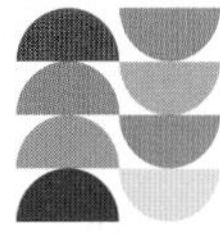

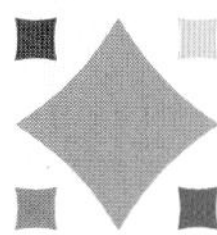

문제 해결력을 기르는 영어 놀이

36개월 이상 아이들은 더 복잡한 활동을 즐기게 돼요. 이 시기 아이들과 놀 때는 이런 점을 고려해주세요.

① 언어 발달:

- 영어 노출 기간이 어느 정도 쌓인 아이라면 더 긴 이야기와 복잡한 문장이 포함된 책을 읽어주고 내용에 대해 얘기해보거나, 자기 전에 오늘 했던 놀이에 대해 묘사해보는 시간을 가질 수 있어요.

② 사회성 발달:

- 간단한 게임의 규칙을 이해하고 따르는 법을 가르쳐주세요. 이제는 규칙을 이해하고 따를 수 있어요. 처음에는 어려워하겠지만 계속 하다 보면 규칙에 맞게 놀이를 할 수 있는 날이 올 거예요.

③ 창의력 발달:

- 역할놀이를 아주 좋아하는 시기죠. 별것 아닌 놀이나 일상에 상상력을 더해주면 훨씬 즐거운 시간이 돼요. 예를 들어, 사진 찍기 놀이를 할 때는 아이가 포토그래퍼가 되고 멋진 탈것 사진을 찍어야 한다는 상황을 부여해주면 아이가 놀이에 더

몰입하게 돼요.

④ 감정 조절:

- 아이 스스로 문제를 해결할 수 있는(Day 2 의자 기차 만들기, Day 3 우리 집 세차장) 놀이를 하거나 놀이 중간에 "어떻게 하면 좋을까?" 같은 질문을 하면 아이의 문제 해결 능력을 발달시켜줄 수 있어요.

⑤ 대근육 발달:

- 이 시기의 아이들은 몸의 균형 감각이 더욱 발달하고, 달리기, 점프, 한 발로 서기, 장애물 넘기 같은 활동을 할 수 있어요.
- 간단한 스포츠 놀이(공 차기, 미니 농구, 장애물 피하기) 등을 통해 신체 조절 능력을 키워주세요.
- 간단한 춤 동작이나 리듬에 맞춰 움직이는 놀이도 아이들의 신체 조절 능력을 높이는 데 도움이 돼요.

⑥ 소근육 발달:

- 손가락과 손 조작 능력이 더욱 정교해지면서 가위질, 종이 접기, 단추 채우기, 실 꿰기 등의 세밀한 활동을 할 수 있어요.
- 젓가락 연습 같은 생활 속 소근육 사용을 자연스럽게 도와주세요.

1주차:
Things that go(탈것)

타깃 단어: car, bus, train, boat, airplane, helicopter, rocket

노래: Transportation Song by Singing Walrus, Vehicles by Pinkfong, Vehicles Song by Kidboomers, Alphabet Transport by Bounce Patrol

책: 《We All Go Traveling》 by Sheena Roberts, 《The Ultimate Book of Vehicle》 by Anne-Sophie Baumann

Day1	Day2	Day3	Day4	Day5
탈것 사진 찍기	의자 기차 만들기	우리 집 세차장	종이비행기 날리기	수건 프로펠러
Day6	**Day7**	**Day8**	**Day9**	**Day10**
누구 소리지?	탈것 요가	아빠 차 탐색	풍선 로켓	주유소에 가요

• 로메이징 놀이는 모든 양육자를 위한 콘텐츠입니다. 가정마다 주 양육자가 다를 수 있으나, 설명에서는 '엄마'를 대표적으로 사용하고 있음을 양해 부탁드립니다.

탈것 사진 찍기 Day 1

 **패턴: I see ~.**

~가 보인다.

 **서브 단어:** take a picture, snap, capture, shoot

로메이징 놀이: 다양한 탈것을 인지하고 사진을 찍으며 아이들은 탈것에 대한 이해와 관찰력을 높이고, 새로운 경험을 통해 학습 동기를 자극해요.

How about we take pictures of things that move?	움직이는 것을 찍어보면 어떨까?
When you see a bus, take a picture of it.	버스를 보면, 사진을 찍으렴.
(버스를 발견한 후) **I see a bus! Beep beep!**	버스 보인다! 빵빵!
Snap its picture!	버스 사진 찍어보렴!
When you see a golf cart, take a picture of it.	골프카트를 보면, 사진을 찍으렴.
(골프카트를 발견한 후) **I see a golf cart!**	골프카트가 보인다!
Capture the golf cart!	골프카트 사진 찍어보렴!
When you see an excavator, take a picture of it.	포크레인이 보이면, 사진을 찍으렴.
(포크레인을 발견한 후) **I see an excavator!**	포크레인 보인다!
Shoot a picture of the excavator!	포크레인 사진 찍어보렴!
Let's check out what we've got so far.	지금까지 찍은 사진들 확인해보자.

의자 기차 만들기 Day 2

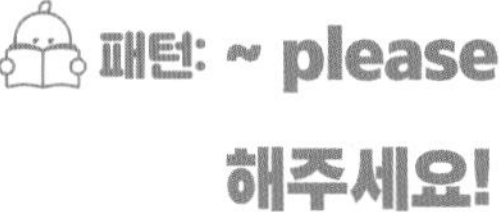
패턴: ~ please!

해주세요!

서브 단어: : grab, line up, get on

로메이징 놀이: 의자로 기차를 만드는 과정에서 창의력과 순서 개념, 협동심을 키울 수 있어요. 또한 기차에 탑승하고 목적지를 상상하며 가는 과정에서 상상의 나래를 펼칠 수도 있답니다. 아이와 신비의 세계로 떠나는 상상을 펼쳐보세요!

Choo choo! Let's make a chair train!
Grab some chairs, please!
Line up all the chairs, please!
Get on the train, please! Choo choo!
Let me know where you're going, please!
Off we go!

칙칙폭폭! 의자 기차를 만들어보자!
의자 좀 몇 개 주세요!
의자들을 일렬로 세워주세요!
기차에 타주세요! 칙칙폭폭!
어디 가는지 알려주세요.
출발!

우리 집 세차장 Day 3

패턴: Let's ~.

~에 온 걸 환영해! ~해보자.

서브 단어: put on, rinse off, dry

로메이징 놀이: 장난감 탈것을 세차하며 아이들은 책임감과 소근육 발달, 손-눈 협응력을 향상시켜요. 또한 세차 순서를 익히며 차근차근 일을 마무리하는 방법을 배울 수 있어요.

Welcome to [아이 이름]'s car wash!	(아이 이름)의 세차장에 온 걸 환영해!
Let's give it a quick shower first.	먼저 빠르게 물로 씻어주자.
Let's put soap on it.	비누칠을 해주자.
Let's rinse off all the soap.	모든 비누를 헹궈내자.
Let's dry it with the towel.	수건으로 말리자.
Now it's clean and ready to drive!	이제 깨끗해졌고 운전할 준비가 됐어!

종이비행기 날리기 Day 4

패턴: **It went ~.**

~ 갔네.

서브 단어: far, farther, farthest

로메이징 놀이: 종이비행기를 날리며 아이들은 손-눈 협응력을 향상시키고 과학적 원리를 배울 수 있어요. 또한 비행기 거리를 비교하면서 비교급 단어를 자연스럽게 배울 수 있어요.

Let's fly paper airplanes!	종이비행기를 날리자!
Let's see how far they go.	얼마나 멀리 가는지 보자.
Are you ready for the first one? Whoosh!	첫 번째 비행기 준비됐니? 슈웅!
It went pretty far.	꽤 멀리 갔네!
Are you ready for the second one? Whoosh!	두 번째 비행기 준비됐니? 슈웅!
It went even farther than the first one!	첫 번째 거보다 더 멀리 갔네!
Are you ready for the third one? Whoosh!	세 번째 비행기 준비됐니? 슈웅!
It went the farthest!	이게 제일 멀리 갔네!

수건 프로펠러 Day 5

 패턴: **We're going to ~.**
우리 ~할 거야.

 서브 단어: rotor, spin

로메이징 놀이: 머리 위에서 수건으로 프로펠러를 돌리며 아이들은 대근육 발달과 운동 조절 능력을 향상시키고 상상력을 발휘해 재미있게 놀아요. 또한 프로펠러의 회전 원리를 통해 과학적 개념을 자연스럽게 이해하게 돼요

It's going to be so much fun to make a rotor with the towel!
We're going to hold it tight.
Now, spin it around like this.
Your turn!
We're going to make two rotors at once. Spin them together.
We're going to spin them in different ways, too.

수건으로 프로펠러 만드는 건 정말 재미있을 거야!
우리는 수건을 꽉 잡을 거야.
이제 이렇게 돌려봐.
네 차례야!
한 번에 두 개의 프로펠러를 만들 거야.
같이 돌려봐.
두 개의 수건을 다른 방향으로도 돌려 볼 거야.

누구 소리지? Day 6

 **패턴: It's a ~.**

이건 ~야.

 **서브 단어: listen, guess**

로메이징 놀이: 아이는 탈것의 소리를 듣고 맞추는 과정을 통해 관찰력과 청각 인식을 높일 수 있어요. 또한 탈것에 대한 이해를 넓히고 부모와 함께 놀이하며 유대감을 강화할 수 있어요.

Let's play a guessing game.	맞추기 게임 하자.
Guess which vehicle it is.	어떤 탈것인지 맞춰봐.
Choo choo!	칙칙폭폭!
You're right! It's a train.	맞았어! 기차야.
Guess which vehicle it is.	어떤 탈것인지 맞춰봐.
Whoosh, whoosh!	슝슝!
You're right! It's an airplane.	맞았어! 비행기야.
Guess which vehicle it is.	어떤 탈 것인지 맞춰봐.
Ring, ring!	딸랑딸랑!
You're right! It's a bike.	맞았어! 자전거야.

[탈 것 소리]: **car-vroom vroom / bike-ring ring / bus-beep beep / ship-boo / airplane-whoosh / rocket-zoom**

탈것 요가 Day 7

 패턴: I [탈 것 동사] A.

엄마는 A를 ~해.

서브 단어: drive, ride, steer, fly, launch

로메이징 놀이: 탈것을 요가 동작으로 표현하며 아이들은 신체 조절 능력과 유연성을 향상시키고 창의력과 상상력을 키울 수 있어요. 아이와 함께 다양한 탈것을 요가 동작으로 표현해보세요.

I **drive** a car. Vroom vroom!	엄마는 자동차를 운전해. 부릉부릉!
I **drive** a bus. Beep beep!	엄마는 버스를 운전해. 빵빵!
I **ride** a bike. Ring ring!	엄마는 자전거를 타. 딸랑딸랑!
I **ride** a motorcycle. Vr- vr- vr- vroom!	엄마는 오토바이를 타. 부릉부릉!
I **ride** a train. Choo choo!	엄마는 기차를 타. 칙칙폭폭!
I **steer** a ship. Splash splash!	엄마는 배를 조종해. 철썩철썩!
I **fly** an airplane. Whoosh!	엄마는 비행기를 날려. 슝!
I **launch** a rocket. Zoom!	엄마는 로켓을 발사해. 줌!

아빠 차 탐색 Day 8

 **패턴: I will show you how to ~.**
어떻게 ~하는지 엄마가 보여줄게.

 **서브 단어:** engine, lights, signals, wipers, horn, wheel

롤플레잉 놀이: 아이들은 차를 탐색하며 관찰력과 호기심을 키우고 차량의 다양한 부품과 기능을 배우며 인지 능력을 향상시킬 수 있어요. 또한 부모님이 하는 일을 직접 해보며 자신감을 키울 수 있어요.

Are you ready to drive a real car?	진짜 차 운전할 준비됐니?
I will show you how to start the engine.	엔진 어떻게 켜는지 엄마가 보여줄게.
Your turn!	네 차례야!
I will show you how to turn the lights on.	라이트 어떻게 켜는지 엄마가 보여줄게.
Your turn!	네 차례야!
I will show you how to blink the turning signals.	깜빡이를 어떻게 켜는지 엄마가 보여줄게.
Your turn!	네 차례야!
Swish the wipers.	와이퍼를 움직여봐.
Beep the horn.	경적을 울려봐.
Turn the wheel.	핸들을 돌려봐.

풍선 로켓 Day 9

 패턴: I'm going to ~.
엄마가 ~할 거야.

 서브 단어: blow up, fly, blast off, fly away

로메이징 놀이: 풍선을 불었다가 손을 놓아 풍선 로켓을 만들어요. 이를 통해 아이들은 공기가 빠져나가면서 발생하는 반작용을 관찰하며 과학적 원리를 이해할 수 있어요. 풍선을 불고 날리는 과정을 통해 소근육 발달을 키울 수도 있어요.

Ready to blow up the balloon?	풍선 불 준비됐니?
Puff, puff, puff!	푸우우, 푸우우, 푸우우!
I'm going to blow it up.	엄마가 풍선을 불 거야.
Puff, puff, puff!	푸우우, 푸우우, 푸우우!
Time to fly the rocket!	로켓을 날려볼 시간이야!
I'm going to let go of the balloon.	엄마가 풍선을 놓을 거야.
5, 4, 3, 2, 1 Blast off!	5, 4, 3, 2, 1 발사!
The rocket flies far away!	로켓이 멀리 날아간다!

주유소에 가요 Day 10

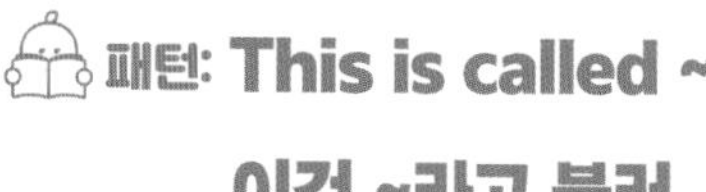

패턴: **This is called ~.**

이건 ~라고 불러.

서브 단어: gas station, gas tank, gas nozzel, trigger, cap

로메이징 놀이: 아이들은 주유소에 가서 양육자와 함께 주유를 하며 생활 기술을 배우고 책임감과 관찰력을 키울 수 있어요. 아이가 할 수 있는 것은 아이가 직접 해보도록 하며 주유소에서 재미있고 교육적인 시간을 보내보세요.

We're at the gas station. Our car is hungry so we'll get him some yummy juice.	우리는 주유소에 왔어. 우리 차가 배고파서 맛있는 주스를 줄 거야.
His mouth is on the side. Can you find it?	차의 입은 옆쪽에 있어. 찾을 수 있니?
This is called a gas tank.	이건 연료 탱크라고 불러.
Let me open it. You need to turn the cap.	열어보자. 뚜껑을 돌려야 해.
Push the start button and pay for the gas.	시작 버튼을 누르고 계산하렴.
This is called a gas nozzle.	이건 주유 노즐이라고 불러.
Put the gas nozzle into the tank.	주유 노즐을 연료 탱크에 넣으렴.
This is called a trigger.	이건 방아쇠라고 불러.
Pull up on the trigger and lock it.	방아쇠를 당겨서 잠가야 해.
Take the nozzle out of the tank when the machine stops pumping gas.	기계가 주유를 멈출 때 노즐을 빼면 돼.
Close the cap and off we go!	뚜껑을 닫고 출발할 시간이야!

2주차:
Nature walk(자연 산책)

타깃 단어: leaf, stone, stick, flower, cloud, pinecone

노래/영상: Nature Walk Song by Cocomelon, This is Nature by Hidino Kids

책: 《We're Going On A Leaf Hunt》 by Steve Metzger, 《Have You Ever Seen A Flower? 》 by Shawn Harris, 《Little Cloud》 by Eric Carle

Day1	Day2	Day3	Day4	Day5
색깔 찾기	분류하기	자연 요리	다리 건너기	자연을 물에 퐁당
Day6	**Day7**	**Day8**	**Day9**	**Day10**
개미 까까	구름 관찰	나뭇잎 꽃 비	솔방울 멀리 던지기	얼굴 만들기

• 로메이징 놀이는 모든 양육자를 위한 콘텐츠입니다. 가정마다 주 양육자가 다를 수 있으나, 설명에서는 '엄마'를 대표적으로 사용하고 있음을 양해 부탁드립니다.

색깔 찾기 Day 1

 패턴: **Can you find something ~?**

~한 것을 찾을 수 있을까?

 서브 단어: color, blue, green, yellow

로메이징 놀이: 아이들은 자연에서 다양한 색을 찾으며 관찰력과 색채 인지 능력을 향상시키고, 자연에 대한 호기심을 자극하고, 환경에 대한 이해와 감수성을 높여요.

Let's go find some colors in nature!	자연 속에서 색을 찾아보자!
Can you find something blue?	파란색을 찾을 수 있을까?
Look up at the sky.	하늘을 올려다봐.
You found it! The sky is blue.	찾았어! 하늘이 파란색이야.
Can you find something green?	초록색을 찾을 수 있을까?
Look at the trees.	나무를 봐봐.
You found it! The leaves are green.	찾았어! 나뭇잎이 초록색이야.
Can you find something yellow?	노란색을 찾을 수 있을까?
Look at the flowers.	꽃을 봐봐.
You found it! The flowers are yellow.	찾았어! 꽃이 노란색이네.

분류하기 Day 2

 패턴: A found B.

A가 B를 찾았네.

 서브 단어: treasure, leaf, rock, display

로메이징 놀이: 아이들은 자연물을 종류대로 분류하며 조직화 능력, 관찰력, 주의 집중력, 문제 해결 능력을 향상시킬 수 있어요.

Let's gather up nature's treasures!
Let's find different kinds of leaves and rocks.
Look, **she found a leaf!**
I found a leaf, too!
He found a rock.
Now let's display all our treasures on this cement block!
Yay, we got so many treasures!

자연의 보물들을 모아봐!
여러 가지 종류의 잎과 돌을 찾아보자.
봐봐, 친구가 나뭇잎을 찾았네!
엄마도 나뭇잎 찾았어!
동생은 돌을 찾았네.
이제 우리가 찾은 보물들을 시멘트 블록에 전시하자!
와, 많은 보물들을 모았네!

자연 요리 Day 3

패턴: **Let's ~.**

~하자.

서브 단어: cook, press down, pound, slice, put into, stir up

로메이징 놀이: 아이들은 자연물로 요리 놀이를 하며 창의력과 상상력을 키우고 소근육 발달과 손-눈 협응력, 사회성을 향상시킬 수 있어요.

Let's cook with nature's treasures!	자연의 보물로 요리를 해보자!
Let's press down the leaves.	잎을 눌러보자.
Let's slice the leaves in half.	잎을 반으로 잘라보자.
Let's pound the leaves!	잎을 두드려보자!
Let's put all the ingredients into the pot.	모든 재료를 냄비에 넣어보자.
Let's stir it up!	그것을 저어봐!

다리 건너기 Day 4

패턴: **We're going to ~.**
우리 ~할 거야.

서브 단어: make, gather, lay down, layer, take

로메이징 놀이: 아이들은 나뭇잎으로 다리를 만들어 건너며 창의력과 문제 해결 능력을 키우고 신체 조절 능력과 균형 감각을 향상시킬 수 있어요. 자연과의 상호작용을 통해 환경에 대한 이해를 높이고 모험심과 자신감을 키워요.

We're going to make a bridge from here to the other side.	우리 여기에서 반대쪽까지 다리를 만들 거야.
We're going to gather some leaves.	잎을 좀 모아볼 거야.
Next, **we're going to** lay down some big leaves.	다음으로, 큰 잎들을 깔 거야.
Then, **we're going to** layer small leaves on top.	그다음, 작은 잎을 겹겹이 쌓을 거야.
Now, **we're going to** take a picture of it and walk across!	이제 사진을 찍고 건널 거야!

자연을 물에 퐁당 Day 5

패턴: 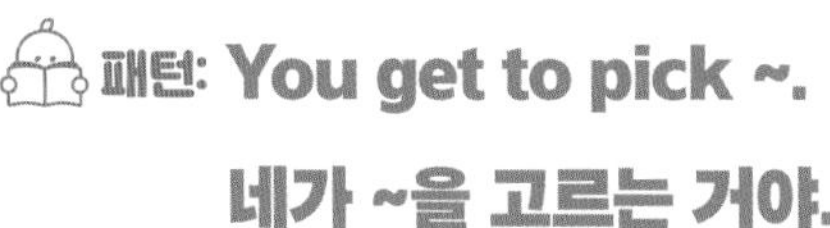
You get to pick ~.
네가 ~을 고르는 거야.

 서브 단어: drop, float, sink

로메이징 놀이: 아이들은 자연물을 물에 떨어뜨리며 물리적 개념을 탐구하고 관찰력과 호기심, 실험 정신과 문제 해결 능력을 키울 수 있어요.

Here's some water!	여기 물이 있어!
Let's drop the leaves and the stones into the water.	잎과 돌을 물속에 넣어보자.
You get to pick your leaf.	네가 잎을 하나 고르는거야.
Now, let it go!	이제 놓아봐!
Look! The leaves are on top of the water.	봐봐! 잎이 물 위에 떠 있어.
They are floating.	잎이 떠다녀.
You get to pick your stone.	네가 돌을 하나 고르는거야.
Now, let it go!	이제 놓아봐!
Look! The stones went down into the water.	봐봐! 돌은 물속으로 가라앉았어. 돌은
They sank.	가라앉았어.

개미 까까 Day 6

패턴: **If you ~, let me know.**
만약 ~하면, 알려주렴.

서브 단어: give, see, need, want

로메이징 놀이: 아이들은 개미에게 과자를 주며 개미의 행동을 관찰하고 이해할 수 있어요. 또한 호기심과 관찰력을 키우고 자연과 생명체에 대한 존중과 책임감을 향상시키는 데 도움이 돼요.

Are you ready to give the ants some snacks?	개미들에게 간식 줄 준비됐어?
If you see any ants, **let me know!**	주위에 개미가 보이면 엄마한테 알려줘!
You found them!	찾았네!
Let's put the snacks nearby.	간식을 가까이 놓아보자.
Make sure you break them into little pieces.	조그맣게 부수는 걸 잊지 마.
If you need help, **let me know.**	도움이 필요하면 엄마한테 알려주렴.
Look, they love the snacks!	봐봐, 개미들이 간식을 정말 좋아하네!
If you want to try more, **let me know.**	더 주고 싶으면 엄마한테 알려주렴.

구름 관찰 Day 7

패턴: These clouds look like ~.

이 구름은 ~처럼 보여.

서브 단어: big, fluffy, thin, wispy

로메이징 놀이: 아이들은 구름을 관찰하며 자연 현상에 대한 호기심과 관찰력을 키우고 상상력과 창의력을 자극시킬 수 있어요.

Why don't we sit down here and look at the clouds?	여기 앉아서 구름을 바라볼까?
What do the clouds look like?	구름이 뭐처럼 보이니?
These clouds look like cotton candy.	이 구름들은 솜사탕처럼 보여.
They are big and fluffy.	크고 푹신푹신해.
Those clouds look like feathers.	저 구름들은 깃털처럼 보여.
They are thin and wispy.	얇고 가는 털이야.
I found a bunny-looking cloud!	토끼 모양 구름을 찾았어!
You can take a picture of it if you want!	사진 찍고 싶으면 찍어도 돼!

나뭇잎 꽃 비

Day 8

패턴: **Look at you! You ~ed ~.**

와, 멋지다! 네가 ~했어.

서브 단어: pick, hold, sprinkle

로메이징 놀이: 나뭇잎을 따서 던져 나뭇잎 비를 만들며 아이들은 자연과 상호작용을 통해 창의력과 상상력을 키우고 신체 조절 및 운동 능력을 향상시킬 수 있어요.

We can make special rain together.	우리 함께 특별한 비를 만들 수 있어.
Pick some leaves and flower petals.	잎과 꽃잎을 골라줘.
Look at you! You picked pretty petals!	와, 멋지다! 예쁜 꽃잎을 골랐네!
Hold them in your hands.	손에 쥐고 있어.
Now, sprinkle them in the air!	이제 공중에 뿌려봐!
Look at you! You made it rain!	와, 멋지다! 비가 내리게 만들었네!
I love it!	너무 좋다!

솔방울 멀리 던지기 Day 9

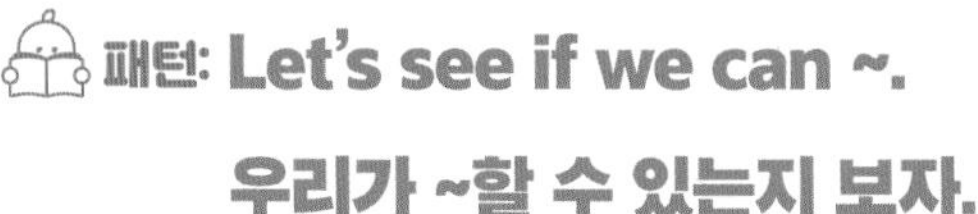

패턴: **Let's see if we can ~.**
우리가 ~할 수 있는지 보자.

서브 단어: pick up, throw

로메이징 놀이: 아이들은 솔방울을 멀리 던지며 손-눈 협응력과 운동 능력을 향상시키고 거리와 속도에 대한 감각을 키울 수 있어요.

I have so many pinecones!	엄마한테 솔방울이 정말 많아!
Let's pick one up.	하나 집어봐.
How about we throw the pinecone as far as we can?	우리 솔방울을 최대한 멀리 던져보는 게 어때?
Let's see if we can make it go far away.	우리가 멀리 던질 수 있는지 보자.
Look at our pinecones!	우리 솔방울을 봐봐!
They went far away!	멀리 갔어!
Do you want to try one more time?	한 번 더 해볼래?
Let's see if we can throw it even farther.	더 멀리 던질 수 있는지 보자.

얼굴 만들기 Day 10

패턴: **Will you add ~?**
네가 ~을 더해줄래?

서브 단어: make, gather

로메이징 놀이: 아이들은 나뭇잎으로 얼굴을 만들며 창의력과 상상력을 키우고 소근육 능력을 향상시킬 수 있어요.

How about we make a face with flowers?	꽃으로 얼굴을 만들어볼까?
Let's gather flowers of all kinds.	다양한 꽃을 모아보자.
Will you add the eyes?	네가 눈을 더해줄래?
Will you add the nose?	네가 코를 더해줄래?
Will you add the mouth?	네가 입을 더해줄래?
I will add the eyebrows.	엄마가 눈썹을 더할게.
It looks amazing!	멋지다!

로메이징 패턴 정리

Basic I will show you how to ~.

아이들은 한창 배우고 있는 시기이기 때문에 엄마가 보여주며 가르쳐줘야 할 상황이 참 많죠. 그때 사용할 수 있는 패턴이에요. 간단하게는 'how to' 뒤에 'do it'을 붙이면 되고, 정확하게 얘기할 때는 보여주고자 하는 걸 뒤에 얘기해주면 됩니다.

- I will show you how to put on your shoes. (신발 어떻게 신는지 엄마가 보여줄게.)
- I will show you how to draw a circle. (동그라미 어떻게 그리는지 엄마가 보여줄게.)
- I will show you how to ride a scooter. (킥보드 어떻게 타는지 엄마가 보여줄게.)

Basic Guess what it is.

아이들과 일상생활, 또는 놀이 시간에 물건이나 상황을 추측하도록 유도할 때 사용해요. 이 표현을 사용하면 아이들의 호기심을 자극하고 대화를 재밌게 이끌어갈 수 있어서 영어 수업이나 놀이 시간에 인트로로 많이 사용한답니다. 뒤에 간단한 힌트를 주면 아이들의 집중도가 확 올라갈 거예요.

- Guess what it is! It says 'meow'! (이게 뭔지 맞춰봐. '야옹' 소리를 낸단다.)
- Guess what it is! It goes 'vroom vroom'! (이게 뭔지 맞춰봐. '부릉부릉' 간단다.)
- Guess what it is! It is something soft and yummy! (이게 뭔지 맞춰봐. 부드럽고 맛있는 거야.)

Plus Guess which ~ it is.

이것 또한 마찬가지로 아이와 추측 게임을 할 때 사용하는데 좀 더 구체적으로 종류를 언급하는 거예요. 예를 들어, 아이가 눈을 감은 동안 테이블에 있는 주스와 우유 중 하나를 선택해 한 모금 마신 후 엄마가 어떤 걸 마셨는지 추측하는 게임을 할 때, "Guess which drink it is"라고 하는 것이죠. 옵션을 알려주고 아이가 그중 선택하도록 할 때 사용해요.

- Guess which toy it is. (어느 장난감인지 맞춰봐.)
- Guess which color it is. Is it red or blue? (어떤 색인지 맞춰봐. 빨간색일까 파란색일까?)
- Guess which fruit it is! Is it an apple or a banana? (어떤 과일인지 맞춰봐. 사과일까 바나나일까?)

Basic When we ~, we ~.

아이들은 한창 많은 것을 배울 때이기 때문에 모든 순간을 배움의 포인트로 사용할 수 있어요. 그때 저는 이 패턴을 많이 활용해요. 아이가 엘리베이터에서 이웃을 만나 인사하는 걸 가르쳐주고 싶을 때, "When we meet someone, we say hello(누군가를 만나면 '안녕하세요'라고 한단다)"라고 얘기하는 것이죠.

- When we finish eating, we say 'thank you'. (식사를 끝내면 '감사합니다'라고 얘기한단다.)
- When we cross the street, we hold hands. (횡단보도를 건널 때는 엄마 손을 잡아야 한단다.)
- When we feel angry, we stop and take a deep breath. (화날 때는 멈추고 깊게 숨을 쉰단다.)

Basic as ~ as you can

이 시기 아이들은 목표를 설정해놓거나 경쟁의 요소를 넣어주면 더욱 적극적이고 즐겁게 한답니다. 아이와 달리기를 할 때, 정리정돈을 할 때, 식사 시간 등 최대한 빨리, 최대한 많이 얘기를 해주면 더 동기부여가 되어 열심히 하죠. 그래서 엄마가 원하는 행동으로 아이를 유도할 때 많이 쓰는 화법이기도 해요.

- Run as fast as you can! (가능한 한 빨리 뛰어!)
- Sing as loud as you can! (가능한 한 크게 노래 불러!)
- Draw as big as you can! (가능한 한 크게 그려!)

Basic Make sure ~.

"꼭 ~해야 해" 하며 아이에게 중요한 행동이나 규칙을 명확하게 지시하고 강조할 때 사용해요. 안전에 관한 부분이나 일상생활에서 꼭 지켜야 하는 것을 다시 한번 상기시킬 때 사용하죠.

- Make sure you wash your hands before eating. (밥 먹기 전에 꼭 손을 씻어야 해.)
- Make sure you put everything back in its place. (모든 걸 제자리에 꼭 놓아야 해.)
- Make sure you put on your shoes. (신발을 꼭 신어야 해.)

영어 단어 깨알 지식

1. Steering wheel vs. Handles vs. Knob

우리나라에서는 모든 조종 장치가 '핸들'로 통일되는 경향이 있어요. 자동차 조종 장치도 핸들, 자전거 조종 장치도 핸들로 부르지만 영어로는 동그란 모양의 자동차나 배의 운전대는 'steering wheel'이라고 부른답니다. 자전거나 오토바이 같은 막대 모양의 조종 장치는 'handlebar', 일반적인 손잡이는 'handle', 동그랗게 생긴 문 손잡이는 'door knob'이라고 한답니다.

- Do you want to try holding the steering wheel? (운전대 한번 만져보고 싶니?)
- Turn the handle to open the door. (문을 열려면 손잡이를 돌려야 해.)
- You can unlock the door by turning the door knob. (문 손잡이를 부드럽게 돌려서 문을 열 수 있어.)

2. Gas vs. Oil

자동차에 넣는 연료를 기름이라고 부르고 "주유소에 기름 넣으러 가야 해"라고 말해요. 그래서 '기름=oil'이니 영어로 주유소 기름도 'oil'이라고 생각합니다. 하지만 주유소 기름과 우리가 먹는 포도씨유, 카놀라유의 기름은 다르답니다. 주유소 기름은 gas라고 표현하고 먹거나 바르는 기름은 oil이라고 표현해요. 또한 엔진이 잘 움직이도록 하는 엔진오일은 그대로 oil을 사용해요.

- We need to stop for gas. (차에 기름 넣으러 들러야 한단다.)
- We need to put some oil in the pan first. (팬에 오일을 먼저 넣어야 한단다.)

3. Fluffy vs. Fuzzy

이 두 단어는 실제로 경험해보지 않는 이상 굉장히 헷갈릴 수 있어요. 쉽게 말하면 fluffy는 털이 복슬복슬한 강아지를 떠올리고, fuzzy는 털이 짧은 고양이를 떠올리면 돼요. 한국어로 fluffy는 털이 많아 부드럽고 폭신한 느낌이고, fuzzy는 털이 짧고 보송보송한 느낌이에요.

- Your stuffed bunny is so fluffy! (네 토끼 인형 정말 폭신하다.)
- The inside of your Ugg boots is so fuzzy! (네 어그부츠 안쪽이 정말 보송보송하다!)

4. Gather vs. Collect

gather는 규칙성 없이 한번에 여러 사람이나 물건을 한데 모으는 것을 뜻하는 반면 collect는 목적을 가지고 특정한 것을 수집하거나 채집하거나 모으는 것을 얘기해요. gather보다 collect가 좀 더 계획적이고 의도적인 느낌이죠.

- Let's gather all the toys. (우리 장난감 다 모으자.)
- I collect action figures. (나는 액션 피규어를 수집해요.)

5. Toss vs. Throw

이 두 단어의 차이는 행동과 강도에 있어요. toss는 아래에서 위로 가볍게 던지는 것이고, throw는 머리 뒤쪽에서부터 몸 앞으로 좀 더 세게 던질 때 사용합니다. 힘을 많이 주지 않고 가까운 거리로 던질 때 toss, 공을 멀리 던지는 것처럼 더 많은 힘을 쓸 때는 throw를 사용해요.

- Toss me the keys. (엄마한테 열쇠 던져봐.)
- Throw me the ball as hard as you can. (최대한 힘껏 공을 던져봐.)

CHAPTER 6.
생후 48개월 이상

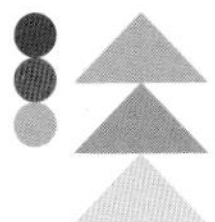

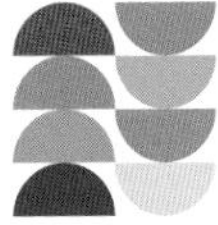
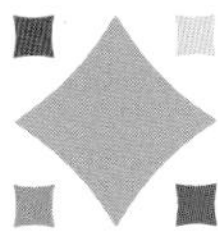

더 깊게 탐구하며 규칙을 배우기

48개월이 지난 아이들은 더 복잡한 개념을 이해하기 시작해요 이 시기에 놀이를 할 때는 다음을 고려해주세요.

① 언어 발달:

- 이 시기 아이들은 과학적 개념이나 순서가 있는 일들을 더 잘 이해하고 기억할 수 있어요. 꽃이 되는 과정, 비가 내리는 원리 등 주변에서 자주 접한 소재의 과학적 개념을 이해할 수 있어요,
- 또한 아이가 이야기를 만들고 이를 그림이나 글로 표현할 수 있어요. 엄마와 놀이 후 그림으로 표현하도록 해주면 표현력을 강화시켜줄 수 있어요.

② 창의력 및 사회성 발달:

- 이 시기 아이들은 놀이 시 새로운 규칙을 만들 수 있어요. 엄마가 제시한 놀이와 아이가 제시한 놀이를 번갈아 하면서 창의력 및 자존감을 키워주고 규칙을 따르는 것까지 배울 수 있어요.

1주차:
: Doctor(의사)

디깅 단어: doctor, bandage, medicine, thermometer, stethoscope, shot, ambulance

노래/영상: Doctor Checkup Song by Cocomelon, Doctor by Juny Tony

책: 《Where's Mrs. Doctor》 by Ingela P. Arrhenius, 《We're Going To The Doctor》 by Campbell Books, 《Maisy's Ambulance》 by Lucy Cousins

Day1	Day2	Day3	Day4	Day5
상처에는 밴드	화장지 붕대	신비한 시럽	약 먹이기	약을 옮겨주세요
Day6	**Day7**	**Day8**	**Day9**	**Day10**
목 좀 봐주세요	몇 도예요?	손가락 주사	심장이 콩닥콩닥	앰뷸런스야 빨리!

• 로메이징 놀이는 모든 양육자를 위한 콘텐츠입니다. 가정마다 주 양육자가 다를 수 있으나, 설명에서는 '엄마'를 대표적으로 사용하고 있음을 양해 부탁드립니다.

상처에는 밴드 Day 1

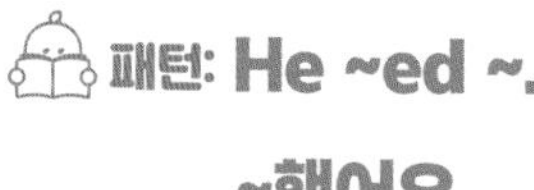

패턴: He ~ed ~.
~했어요.

서브 단어: scrape, scratch, bump, stub, burn

로페이징 놀이: 아이들은 병원 놀이를 하며 사회적 역할과 책임감을 배우고 의사소통 능력과 공감 능력을 향상시킬 수 있어요.

Doctor, Teddy scraped his knee.	의사 선생님, 테디 무릎이 까졌어요.
Let's clean it up and put a bandage on it.	깨끗이 닦고 반창고를 붙여요.
He got a scratch on his finger.	테디가 손가락이 긁혔어요.
Let's wash it and put a bandage on it.	손을 씻고 반창고를 붙여요.
He bumped his head.	테디가 머리를 부딪쳤어요.
Let's check it and put a bandage on it if needed.	확인해보고 필요하면 반창고를 붙여요.
He stubbed his toe.	테디가 발가락을 부딪혔어요.
Let's make it better with a bandage.	반창고로 아프지 않게 해줄게요.
He burned his hand.	테디가 손을 데었어요.
That must hurt! Let's cool it down and put a bandage on it.	아플 거예요! 상처를 가라앉히고 반창고를 붙여줄게요.

화장지 붕대 Day 2

패턴: **It must hurt!**

아프겠어요!

서브 단어: break, hurt, wrap

로메이징 놀이: 아이들은 화장지 붕대를 아픈 곳에 두르며 상상력과 역할놀이를 통해 사회적 역할과 책임감을 배우고 소근육을 발달시키고 손재주를 향상시킬 수 있어요.

Doctor, I broke my leg.	의사 선생님, 다리가 부러졌어요.
Oh no, it must hurt!	이런, 아프겠네요!
I will wrap a bandage around it.	붕대를 감아줄게요.
I broke my ankle, too.	발목도 부러졌어요.
Oh no, it must hurt!	이런, 아프겠네요!
Let me wrap your ankle, too.	발목도 감아드릴게요.
You'll be better soon!	곧 나을 거예요!

신비한 시럽

Day 3

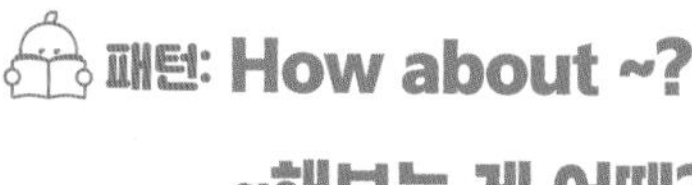

패턴: **How about ~?**

~해보는 게 어때?

서브 단어: make, pour, add, put, mix

로메이징 놀이: 아이들은 여러 가지 주스를 섞어 마법 시럽을 만들며 창의력과 상상력을 키우고 맛과 색에 대한 감각을 발달시킬 수 있어요.

We're going to make special syrup medicine for Teddy.	테디를 위해 특별한 시럽 약을 만들거야.
Can you guess what this light peach juice is?	이 연한 복숭아색 주스가 무엇인지 맞혀봐.
You're right! It's Yakult.	맞아, 야쿠르트야.
How about you guess this yellow one?	이 노란 주스?
Yes, it's orange juice.	그렇지, 오렌지주스야.
This purple juice must be…. (아이 반응 기다리기)	이 보라색 주스는 분명히….
Grape juice!	포도주스야!
Let's start by pouring the orange juice into the bowl.	그럼 먼저 그릇에 오렌지주스를 붓자.
Now, let's add the Yakult.	이제 야쿠르트를 추가해보자.
How about we put the grape juice in next?	다음에는 포도주스를 넣어볼까?
Time to mix it up! Mix, mix, mix!	이제 섞어보자! 섞어, 섞어, 섞어!
Our special syrup medicine is ready!	우리의 특별한 시럽 약이 준비됐어!

약 먹이기 Day 4

 패턴: **Let's ~.**

~하자.

 서브 단어: pour, take a look, squeeze

로메이징 놀이: 아이들은 마법 시럽을 인형에게 먹이며 상상력과 창의력을 키우고 역할놀이를 통해 사회적 상호작용 능력과 공감 능력을 향상시킬 수 있어요.

Let's pour the juice into the little squeeze bottle.	작은 약병에 주스를 붓자.
Teddy has a fever.	테디가 열이 나서 아파.
Let's take a look at him.	테디를 한번 살펴보자.
He needs to take the syrup medicine.	테디에게 약이 필요해.
Will you help him?	도와줄래?
Let's squeeze it gently.	약병을 부드럽게 짜보자.
Wow, he is feeling better already!	와, 테디 기분이 벌써 나아졌어!

약을 옮겨주세요 Day 5

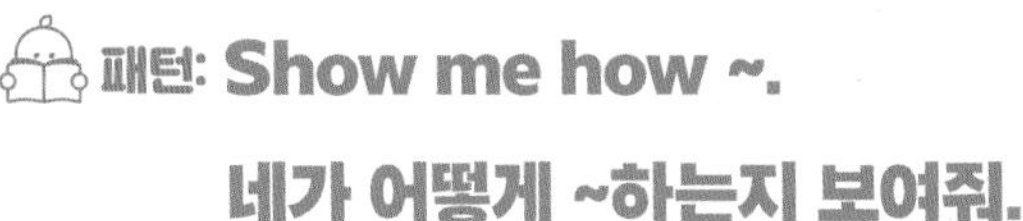
패턴: **Show me how ~.**
네가 어떻게 ~하는지 보여줘.

서브 단어: need, move, use, scoop, zip up

로메이징 놀이: 아이들은 가짜 약을 도구로 옮기며 손-눈 협응력과 소근육 능력을 향상시키고 책임감과 주의 집중력을 높여요. 놀이 시, 숟가락 대신 젓가락이나 집게를 사용할 수도 있는데, 이 때는 scoop 대신 pick up을 사용하세요.

I need medicine!	엄마는 약이 필요해!
Will you get me the medicine?	약 좀 가져다줄래?
Can you move the pills into the bag?	알약을 지퍼백 안으로 옮겨줄 수 있니?
We are going to use a spoon.	우리는 숟가락을 사용할 거야.
Show me how you scoop it up.	어떻게 뜨는지 보여줘.
Awesome! Now we are going to carefully move it.	잘했어! 이제 조심스럽게 옮길 거야.
You can scoop two pills at once!	알약 두 개를 한 번에 같이 뜰 수 있어!
Show me how fast you can do it. Wow, that is fast!	얼마나 빨리 할 수 있는지 보여줘. 와, 빠르다!
Now, you need to zip it up and get me the pills.	이제, 지퍼백을 닫고 엄마에게 알약을 가져다줘야 해.

목 좀 봐주세요 Day 6

패턴: Should I ~?

~해야 할까요?

서브 단어: hurt, check out, spot

로메이징 놀이: 의사인 아이가 환자인 양육자의 목을 체크하며 의사의 역할에 대해 배우고 세심함과 관찰력을 키워요.

Doctor, my throat hurts.	의사 선생님, 목이 아파요.
Can you check it out?	확인 좀 해줄 수 있나요?
Are you going to use a flashlight to see better?	더 잘 보기 위해 손전등을 쓸 건가요?
Should I open my mouth wide? Ahhh.	입을 크게 벌려야 할까요? 아.
Can you spot anything?	무언가 보이나요?
Do you see anything red in my throat?	제 목 안에 빨간 무언가가 보이나요?
Should I take medicine?	약을 먹어야 할까요?
Thanks a lot!	정말 감사합니다!

몇 도예요?

Day 7

 **패턴: It's ~ degress.**

~도예요.

 **서브 단어:** check, temperature, thermometer, degree, fever

로메이징 놀이: 아이와 함께 온도계로 열을 체크하고 온도를 읽으며 과학적 개념을 이해하고 숫자 인식 능력을 향상시켜요. 또 체온계에 관한 표현도 배워봐요.

Let's check your temperature.	체온을 측정해볼게요.
This is called a thermometer.	이건 체온계라고 해요.
Keep still for just a moment.	잠깐만 가만히 있어주세요.
It's 36.5 degrees.	36.5도예요.
You're doing just fine!	아주 괜찮네요!
It's 40 degrees.	40도예요.
You're running a fever!	열이 나요!
I'll get you some medicine.	약을 좀 가져다줄게요.

손가락 주사 Day 8

패턴: A have B.
A에게 B가 있어요.

서브 단어: cold, shot, prize

로메이징 놀이: 놀이를 통해 주사에 대한 두려움을 승화시키고 자신감을 높이는 데 도움을 줄 수 있어요. 엄마와 번갈아가며 의사와 환자의 역할을 해보고 양쪽의 입장을 경험해봐요.

Hi! What brings you here today? — 안녕하세요! 오늘은 어떤 일로 오셨어요?

Oh, **you have a cold.** — 아, 감기에 걸리셨군요.

I have a shot that can make you feel better. — 감기를 낫게 만드는 주사가 있어요.

Let me get you a shot here. — 주사를 놔드릴게요.

Don't worry. You will be alright. — 걱정하지 마세요. 괜찮아질 거예요.

All done! You are so brave! — 끝났어요! 정말 용감해요!

Now, **you have your prize!** — 자, 이제 상을 받았네요!

심장이 콩닥콩닥 Day 9

 패턴: **This/That is called ~.**

이건 ~라고 부른단다.

서브 단어: stethoscope, listen, take

로메이징 놀이: 아이들은 청진기로 심장을 체크하는 놀이를 하며, 신체의 기능을 배우고, 관찰력과 주의 집중력을 향상시킬 수 있어요. 또한 청진기와 관련된 표현을 배워요.

We'll check your heartbeat today.	오늘은 당신의 심장박동을 확인할게요.
This is called a stethoscope.	이건 청진기라고 해요.
I can listen to your heart with it.	이걸로 심장 소리를 들을 수 있어요.
Now, take a deep breath for me.	이제, 깊게 숨을 들이쉬어 보세요.
Ba-boom, ba-boom!	두근두근!
Can you hear that sound?	저 소리 들리나요?
That is called a heartbeat.	저건 심장박동이라고 해요.
Your heart sounds strong and healthy.	심장 소리가 강하고 건강하네요.

앰뷸런스야 빨리! Day 10

 **패턴: Can you ~?**

~해줄래?

 서브 단어: take, put, park, carry

로메이징 놀이: 양육자와 아이가 앰뷸런스가 되어 인형 환자들을 병원으로 데려다주며 아이들은 사회적 역할과 책임감을 배우고 문제 해결 능력과 협동심을 향상시킬 수 있어요.

Can you follow me? Wee-woo, wee-woo!	엄마 따라와줄래? 위-우, 위-우!
(통을 끌고) We are ambulances!	우리는 앰뷸런스야!
(인형들을 가리키며) Here are the patients.	여기 환자들이 있어.
Let's take the patients to the hospital.	환자들을 병원으로 데려가자.
Can you put them into the bin?	환자들을 통에 넣어줄래?
Let's park over here.	여기에 주차하자.
Can you take them out?	환자들을 꺼내줄래?
Let's carry them inside.	이제 안으로 옮기자.

2주차:
From egg to adult(알에서 개구리까지)

타깃 단어: egg, tadpole, froglet, frog, caterpillar, pupa, butterfly

노래/영상: Frog Song by Cocomelon, Frog Transformation by Pinkfong, Flitter Flutter Butterfly

책: 《Little Life Cycles: Frog》 by Maggie Li, 《The Very Hungry Caterpillar》 by Eric Carle, 《Flutter By Butterfly》 by Petr Horacek

Day1	Day2	Day3	Day4	Day5
알에서 개구리로	거품 알 만들기	춤추는 올챙이	개구리/나비 필터로 사진 찍기	개구리 점프
Day6	**Day7**	**Day8**	**Day9**	**Day10**
알에서 나비로	알 구르기	체인 애벌레	번데기 랩	이상한 나비

• 로메이징 놀이는 모든 양육자를 위한 콘텐츠입니다. 가정마다 주 양육자가 다를 수 있으나, 설명에서는 '엄마'를 대표적으로 사용하고 있음을 양해 부탁드립니다.

알에서 개구리로 Day 1

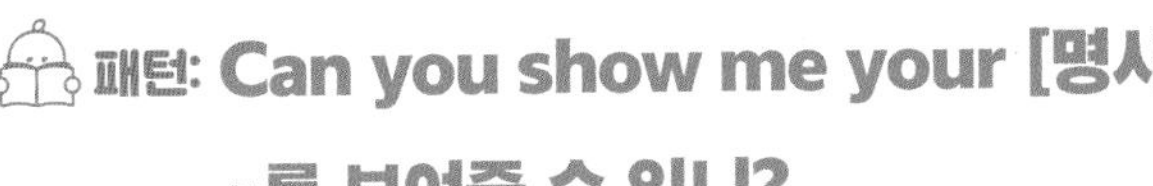

패턴: Can you show me your [명사]?

~를 보여줄 수 있니?

서브 단어: turn into, hatch, grow, become

로메이징 놀이: 그림 자료를 보며 알에서 개구리로 변화하는 과정을 이해하고 각 과정을 손으로 표현해봐요.

Eggs turn into frogs!	알이 개구리로 변해!
Can you show me your eggs?	네가 만든 알을 보여줄 수 있니?
First, the eggs hatch into tadpoles.	먼저, 알이 올챙이로 부화돼.
Can you show me your tadpoles?	네가 만든 올챙이를 보여줄 수 있니?
Then the tadpoles grow into froglets.	그리고 올챙이들이 새끼 개구리로 자라.
Can you show me your froglets?	네가 만든 새끼 개구리 보여줄 수 있니?
Finally, the froglets become frogs!	마지막으로, 새끼 개구리들이 개구리로 커지지!
Can you show me your frogs?	네가 만든 개구리를 보여줄 수 있니?

거품 알 만들기 Day 2

 패턴: **Instead of ~.**

~대신에

 서브 단어: dip in, blow into, drool, spit

로메이징 놀이: 아이들은 물에 빨대를 넣고 불어 거품 알을 만들며 과학적 원리를 탐구하고, 호흡 조절과 구강 근육 발달을 촉진할 수 있어요. 또한 창의력과 상상력을 자극하고, 놀이를 통해 부모와의 유대감을 강화하는 데 도움이 돼요.

Let's make bubble frog eggs!	거품 개구리 알을 만들어보자!
Take a straw and dip it in the water.	빨대를 가져다 물에 담가봐.
Now, blow into the straw.	이제 빨대로 부는 거야.
Instead of drinking, make sure you're blowing into the straw.	마시는 대신에 빨대로 불어야 해.
You're drooling!	침 흘리네!
Instead of spitting, try blowing air gently.	침을 뱉는 대신에 부는 연습을 해보자.
Look at all these bubbles you are making!	네가 만든 거품을 봐!
They look just like frog eggs in the pond.	연못 속 개구리 알처럼 보여.

춤추는 올챙이 Day 3

패턴: **They are ~ing ~.**

~하고 있어.

서브 단어: pond, move, dance, sleep

로메이징 놀이: 아이들은 일반 물과 스파클링 물에 건포도를 넣어 비교하며 과학적 실험을 통해 관찰력과 호기심을 키우고 물리적 원리를 이해할 수 있어요.

Look, we have two ponds and many tadpoles!
봐봐, 우리는 두 개의 연못과 많은 올챙이가 있어!

Can you put some tadpoles in this pond?
이 연못에 올챙이를 조금 넣어볼래?

(스파클링 물) **They are moving and dancing up and down!**
올챙이들이 위아래로 움직이면서 춤을 추고 있어!

Can you dance like them, too?
너도 올챙이들처럼 춤을 출래?

(일반 물) **Here, they are not moving, but sleeping.**
여기는 올챙이들이 움직이지 않고 잠들어 있어.

Let's say, 'Good night, tadpoles!'
'잘자, 올챙이들아'라고 해보자!

개구리/나비 필터로 사진 찍기 Day 4

 패턴: **Look at ~.**

~을 봐.

 서브 단어: selfie, filter, save

로메이징 놀이: 아이들은 개구리와 나비 필터로 사진을 찍으며 창의력과 상상력을 발휘할 수 있어요.

Let's take a selfie with the butterfly filter!	나비 필터로 셀카를 찍자!
Look at all the butterflies around us. Smile!	주변의 나비들을 봐. 웃어봐!
Let's try another one!	다른 걸 한번 시도해보자!
Look at these butterfly wings on us. Smile again!	우리에게 붙은 나비 날개를 봐. 다시 웃어봐!
Now let's try the frog filter.	이제 개구리 필터를 해보자.
Look at us with our frog hats. Ribbit, ribbit!	개구리 모자를 쓴 우리를 봐. 개굴개굴!
Let's find a different one.	다른 걸 찾아보자.
Look at our silly frog faces!	이 웃긴 개구리 얼굴 좀 봐!
Let's save them all and look at them later together.	사진을 모두 저장하고 나중에 같이 보자.

개구리 점프 Day 5

패턴: **You're ~ing just like a frog!**
개구리처럼 ~하네.

서브 단어: jump, leap

로메이징 놀이: 아이들은 소파에서 뛰어내리거나 멀리 뛰는 등 개구리 흉내를 내며 신체 조절 능력과 균형 감각을 향상시키고, 상상력과 창의력을 자극하며 모험심을 키워요.

Can you jump like a frog? Hop, hop, hop!	개구리처럼 점프할 수 있니? 폴짝, 폴짝, 폴짝!
Let's jump to the other side of the mat. Hop, hop, hop!	매트 반대편으로 점프해보자. 폴짝, 폴짝, 폴짝!
Wow, look at you go!	와, 너무 멋지다!
You're jumping just like a frog!	정말 개구리처럼 점프하네!
Can you leap like a frog this time?	이번에는 개구리처럼 뛸 수 있니?
Leap! Off the couch!	폴짝! 소파에서부터!
Wow, look at you go!	와, 너무 멋지다!
You're leaping just like a frog!	정말 개구리처럼 뛰네!

알에서 나비로 Day 6

 패턴: **They spend their time ~ing ~.**
~하면서 시간을 보낸단다.

 서브 단어: munch, sleep, fly

로메이징 놀이: 아이들은 그림 자료를 보며 알에서 나비로 변화하는 과정을 들으며 생물의 생애 주기를 배우고 관찰력과 인지 능력을 향상시킬 수 있어요.

Do you know how butterflies grow?
First, tiny caterpillars come out of the eggs.
They spend their time munching on leaves.

나비가 어떻게 자라는지 알고 있니?
먼저, 작은 애벌레가 알에서 태어나.
애벌레들은 잎을 먹으면서 시간을 보낸단다.

Then, they enter into a special sleep called the pupa stage.
They spend their time sleeping all day long.

그런 다음 애벌레들은 번데기 단계라고 불리는 특별한 잠을 잔단다.
번데기들은 하루 종일 잠을 자며 시간을 보낸단다.

Finally, beautiful butterflies come out of the pupas.
They spend their time flying around flowers.

마지막으로, 아름다운 나비가 번데기에서 나온단다.
나비들은 꽃 주변을 날아다니며 시간을 보낸단다.

알 구르기 Day 7

패턴: **Can you ~ like an egg?**

~해볼 수 있니?

서브 단어: curl up, roll

로메이징 놀이: 아이들은 알처럼 몸을 말아 구르기를 하며 신체 조절 능력과 균형 감각을 향상시키고 대근육 발달을 촉진시켜요.

Frog eggs and butterfly eggs are round.	개구리 알과 나비 알은 둥근 모양이야.
We are going to be eggs, too!	우리도 알이 되어볼 거야!
Can you curl up **like an egg?**	알처럼 몸을 구부려볼래?
Can you do a front roll?	앞으로 몸을 굴려볼 수 있니?
Can you roll around **like an egg?**	알처럼 굴러서 돌아다닐 수 있니?
Can you roll to the other side?	반대편까지 갈 수 있을까?
This is so much fun!	정말 재미있어!
Let's keep rolling and tumbling like eggs!	알처럼 계속 굴러다녀보자!

앞구르기를 의미하는 **front roll** 대신 **somersault**를 사용할 수도 있어요.
Can you do a somersault? (앞구르기를 할 수 있니?)

체인 애벌레 Day 8

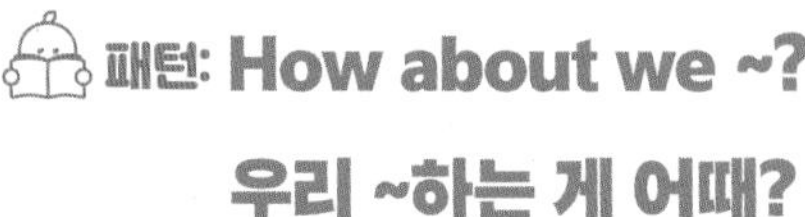

패턴: **How about we ~?**

우리 ~하는 게 어때?

서브 단어: cut into, strip, put together

로메이징 놀이: 아이들은 종이 애벌레를 만들면서 소근육을 사용하고, 순차적으로 과정을 따라가는 능력과 집중력을 키울 수 있습니다.

Let's make a paper caterpillar!	종이로 애벌레를 만들어보자!
Cut the paper into strips first.	먼저 종이를 길게 잘라주렴.
Now take one strip and put the ends together.	이제 조각 하나를 가져다 끝을 붙이렴.
You made a circle!	원을 만들었어!
Put another strip through the circle and do the same over and over.	다른 조각을 더 가져다 원 안에 넣고 같은 작업을 반복해.
How about we make it super long?	우리 이거 엄청 길게 만드는 거 어때?
It's a wiggly caterpillar!	꿈틀거리는 애벌레가 완성됐어!
How about we add eyes?	눈을 더해주는 게 어때?

번데기 랩 Day 9

 패턴: You are a ~.
~가 됐네.

 서브 단어: lie down, wrap up, unwrap, fly

로메이징 놀이: 아이들은 번데기에서 나비가 되는 과정을 몸으로 표현하며 상상력과 창의력을 키우고 신체 조절 능력과 균형 감각을 향상시켜요.

We are going to be pupas today!	오늘은 우리가 번데기가 되어볼 거야!
Here's a magical pupa blanket.	여기 마법의 번데기 담요가 있어.
Lie down and wrap yourself up with it.	누워서 담요로 감싸봐.
Now, you're a pupa!	이제 번데기가 됐네!
Now unwrap yourself and fly around.	자, 이제 담요를 벗고 나서 날아다녀봐.
You're a butterfly!	나비가 됐네!

이상한 나비 Day 10

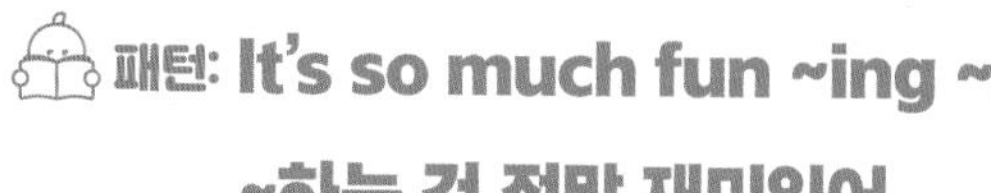

패턴: It's so much fun ~ing ~.
~하는 건 정말 재미있어.

 서브 단어: jump, run, crawl, skip, wiggle

로메이징 놀이: 아이들은 이상한 나비가 되어 웃긴 동작을 하며 창의력과 상상력을 키우고 신체 조절 능력과 균형 감각을 향상시켜요.

Do butterflies fly or crawl?
Butterflies fly!
It's so much fun flying around!
But let's be silly butterflies!
We jump.
We run.
We crawl.
We skip.
We wiggle.
It's so much fun being a silly butterfly!

나비는 날아다닐까 기어 다닐까?
나비는 날아다녀!
이렇게 날아다니는 건 정말 재미있어!
우리 장난스러운 나비로 변신해보자!
뛰어요.
달려요.
기어요.
건너뛰어요.
흔들어요.
이렇게 장난스러운 나비가 되는 건 너무 재미있어!

로메이징 패턴 정리

Basic I [과거형].

아이에게 점점 시간 개념이 생기고 기억력이 좋아지면 다양한 과거의 일을 얘기할 때가 많을 거예요. 그때 과거형 문장은 필수죠. 사실 언어를 불문하고 '과거'라는 시간 개념 자체를 알려주는 게 굉장히 어렵기 때문에 과거형이나 과거 단어를 이해하는데도 오랜 시간과 반복이 필요해요. 물론 이미 한국어로 '과거'를 이해하고 있다면 영어 단어만 배우면 되기 때문에 금방 이해할 테지만요. 사실 과거형은 아이가 어릴 때부터 일상생활에서 여러 번 경험하게 하는 것이 가장 좋지만 그게 어렵다면 이 방법을 써보세요. 즉각적으로 과거와 현재를 보여주는 것이에요.

- (곰인형을 가지고) I have a teddy bear. (곰인형을 아이에게 주고) I had a teddy bear. Now, you have a teddy bear. (엄마한테 테디베어가 있어. 엄마한테 테디베어가 있었어. 이제 아가한테 테디베어가 있네.)
- (불을 켜며) I turn on the light. (켜진 불을 가리키며) I turned on the light. (아이 손으로 불을 끄며) You turn off the light. (꺼진 불을 가리키며) You turned off the light. (엄마가 불을 켜. 엄마가 불을 켰네. 네가 불을 꺼. 네가 불을 껐네.)

Basic 현재형 (사실)

이 시기 아이들은 일상생활에서 일어나는 다양한 현상에 궁금증을 가지고 책을 통해 다양한 배경지식을 쌓아가는 과정에서 무수히 많은 질문을 던집니다. 특히 과학적 사실을 기반으로 한 질문인 경우가 많죠. 가령 "숫사자는 갈기가 있어?"나 "코끼리는 알을 낳아?"처럼요. 이런 사실 기반을 얘기할 때는 항상 현재형을 사용한답니다. 그리고 주어는 복수의 형태로 얘기하는 게 일반적이니 참고하세요!

- Lions have manes. (사자들은 갈기가 있어.)
- Apples grow on trees. (사과는 나무에서 자라.)
- Fish live in the water. (물고기들은 물에서 살아.)

Basic How does it [감각동사]? It [감각동사].

학교에 다닐 때 힘들어했던 표현 중 하나예요. 같은 뜻이라도 한국어 표현과 영어 표현이 달라 잘 사용하지 않게 되더라고요. 다음 놀이를 하며 감각 관련 표현을 외우고 감각 동사를 정복해봐요!

주요 감각동사: look, sound, smell, touch, taste

- How does the balloon look? It looks shiny! (풍선이 어때 보여? 반짝거리지!)
- How does the blanket feel? It feels soft! (이불 느낌이 어때? 부드럽지!)
- How does the music sound? It sounds fun! (음악이 어때? 재밌게 들리지!)

Plus It looks like ~.

아침에 일어나서 창밖을 보고 날씨를 얘기하거나 어떤 상황을 관찰하고 추측할 때 "어? ~하는 것 같아!"의 의미로 많이 사용해요.

- It looks like it's going to rain. (비가 올 것 같아.)
- It looks like we're lost. (우리 길을 잃은 것 같아.)
- It looks like our cake is ready! (우리 케이크가 다 구워진 것 같아.)

Basic Will you ~?

이쯤 되면 아이들도 자아가 이전보다 강해져 원하는 게 더욱 명확해지기 때문에 무언가를 하기 전에 아이가 할 의향이 있는지를 자주 물어보게 돼요. 또한 아이들이 할 수 있는 것이 많아지기 때문에 어떤 것을 해줄 수 있는지 부탁도 하게 돼요. 이런 때 'Will you~?' 패턴을 활용할 수 있어요.

- Will you turn off the light? (불 좀 꺼줄래?)
- Will you try a new vegetable today? (오늘 새로운 채소 먹어볼래?)
- Will you help me set the table? (엄마 밥 차리는 거 도와줄래?)

Basic Should I ~?

아이가 클수록 부모는 자연스럽게 아이를 대화 상대로 인식하고 일상생활에서 간단한 선택지를 공유하기도 해요. "엄마 오늘 원피스 입을까?", "엄마 설거지 지금 해야 할까?"처럼 말이죠. 저는 혼잣말처럼 이 패턴을 사용해 고민을 입밖으로 내기도 한답니다! 또한 아이에게 엄마의 도움이 필요한지 물어볼 때도 이 패턴을 사용할 수 있어요.

- Should I go right now? (지금 가야 할까?)
- Should I bring my umbrella? (우산을 가져가야 할까?)
- Should I help you with your homework? (엄마가 네 숙제 도와줘야 해?)

영어 단어 깨알 지식

1. Bandage vs. Band-Aid

bandage는 붕대도 될 수 있고 밴드도 될 수 있는 광범위한 단어인 반면 band-aid는 밴드만 칭하는데 대일밴드처럼 브랜드 이름이 고유명사가 된 케이스랍니다.

- Let me wrap a bandage around your knee. (엄마가 무릎에 붕대 둘러줄게.)
- It's just a small cut, so a Band-Aid will do. (작은 상처니까 밴드만 붙이면 될 거야.)

2. Pill vs. Tablet vs. Capsule

pill은 포괄적인 단어로 모든 종류의 알약을 의미할 수 있어요. pill에는 크게 캡슐 형태와 캡슐이 없는 형태로 나뉘는데요, 캡슐 안에 약이 든 알약을 capsule이라고 부르고 캡슐 없이 가루를 압축시켜 모양을 만든 알약의 경우 tablet이라고 해요.

- You need to chew this tablet before you swallow it. (이 알약은 삼키기 전에 씹어야 해.)
- This capsule has medicine inside. You just need to swallow it. (이 캡슐 안에 약이 들어 있어. 그냥 삼키기만 하면 돼.)

3. Medicine vs. Ointment

두 단어 모두 한국어로 '약'으로 표현할 수 있어요. 하지만 영어에서 medicine은 질병을 치료하거나 증상을 완화하는 모든 형태의 약을 뜻하기 때문에 알약, 시럽은 물론 연고도 포함될 수 있는 반면, ointment는 상처나 피부 문제로 바르는 연고만 뜻해요.

- It's time to take some medicine. (이제 약 먹을 시간이야.)

• I'll put some ointment on your cut. (엄마가 상처에 연고 발라줄게.)

4. Spit vs. Drool

두 단어 모두 침과 관련된 단어지만 큰 차이가 있어요. spit은 의도적으로 침 또는 무언가를 뱉는 것을 의미하고, drool은 자기도 모르게 침을 흘리는 것을 뜻해요. drool은 아기가 자면서 침을 흘리는 경우에 쓸 수 있어요.

• Spit out the gum. (껌을 뱉어.)

• Oh, you drooled while sleeping! (아가 자면서 침 흘렸네!)

5. Jump vs. Leap

jump는 제자리에서 뛰거나 짧은 거리를 뛸 때 사용하는 반면, leap는 큰 힘으로 더 멀리 또는 더 높이 뛰는 동작을 의미해요.

• Stop jumping on the bed. (침대에서 그만 뛰어.)

• Try to leap over that big puddle. (저 큰 물웅덩이를 점프해서 넘어가 봐.)

0~7세 아이의 입을 여는 엄마표 영어 발화 놀이법

로메이징 유아 패턴 영어 **121**

초판 1쇄 인쇄 2025년 2월 10일
초판 1쇄 발행 2025년 3월 3일

지은이. 유진아
펴낸이. 이새봄
펴낸곳. 래디시

교정 교열. 김민영
디자인. LUCKY BEAR
홍보 마케팅. 윤민영

출판등록. 제2022-000313호
주소. 서울시 마포구 월드컵북로 400, 5층 21호
연락처. 010-5359-7929
이메일. radish@radishbooks.co.kr
인스타그램. instagram.com/radish_books